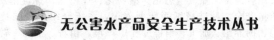

无公害水产品安全生产技术丛书

河蟹
无公害安全生产技术

陈如国 主编

U0212985

化学工业出版社

·北京·

本书结合河蟹产业、生态化、集约化、规模化、智慧化发展方向和生态健康、质量安全、精准精细等转型需求，系统介绍了我国特色名贵水产资源——河蟹的养殖、加工、销售过程中环境、苗种、渔药、饲料及其他投入品、生态健康养殖技术、质量可追溯体系、综合信息应用、应急工作机制、灾害天气预警等方面无公害生产技术，为从事河蟹养殖的水产技术人员、管理人员和渔业农民以及广大水产科研人员、水产院校师生提供新颖、实用、可操作的理论借鉴。

图书在版编目（CIP）数据

河蟹无公害安全生产技术/陈如国主编 . —北京：化学工业出版社，2018.5
（无公害水产品安全生产技术丛书）
ISBN 978-7-122-31871-8

Ⅰ.①河… Ⅱ.①陈… Ⅲ.①中华绒螯蟹-淡水养殖-无污染技术 Ⅳ.①S966.16

中国版本图书馆 CIP 数据核字（2018）第 065339 号

责任编辑：漆艳萍　　　　　　　　文字编辑：焦欣渝
责任校对：王　静　　　　　　　　装帧设计：韩　飞

出版发行：化学工业出版社（北京市东城区青年湖南街 13 号　邮政编码 100011）
印　　刷：北京京华铭诚工贸有限公司
装　　订：北京瑞隆泰达装订有限公司
850mm×1168mm　1/32　印张 8¼　字数 213 千字
2018 年 8 月北京第 1 版第 1 次印刷

购书咨询：010-64518888（传真：010-64519686）
售后服务：010-64518899
网　　址：http://www.cip.com.cn
凡购买本书，如有缺损质量问题，本社销售中心负责调换。

定　　价：38.00 元　　　　　　　　　　　版权所有　违者必究

本书编写人员名单

主　　编　陈如国（江苏省兴化市水产局）

副 主 编　冯亚明（江苏省农业科学院泰州市农科所）

　　　　　　张风翔（江苏省兴化市渔业技术指导站）

编写人员　(按姓名汉语拼音排序)

　　　　　　陈如国（江苏省兴化市水产局）

　　　　　　成爱兰（江苏省泰州市水产技术指导站）

　　　　　　冯亚明（江苏省农业科学院泰州市农科所）

　　　　　　顾　明（兴化市水产技术推广服务站）

　　　　　　侯玉兰（兴化市渔业技术指导站）

　　　　　　唐玉银（兴化市陈堡镇水产技术推广服务站）

　　　　　　吴加平（兴化市渔业技术指导站）

　　　　　　吴艳丽（江苏省兴化市水产局）

　　　　　　张风翔（江苏省兴化市渔业技术指导站）

　　　　　　周丽斌（江苏省兴化市水产局）

　　　　　　周天华（江苏省兴化市气象局）

河蟹由于具有多次蜕壳、生殖回流、性腺与肝脏转化等特殊的生理特性，对自然的繁殖条件和生存环境要求很高，世界上许多炎热、寒冷气候的国家和地区无此产品。我国处于亚热带和温带地区，气温适宜，有利于蟹类的生长繁殖，因此，河蟹成为我国的一大特色水产资源。

河蟹是名贵的水产品，以其味道鲜美可口、肉质细嫩而著称，含有丰富的蛋白质、脂肪、糖类、钙、磷、铁、维生素 A、维生素 B_1、维生素 B_2、烟酸等，还含有多种游离氨基酸及蟹红素、蟹黄素等营养物质。河蟹壳中还含甲壳质（2%～30%）及色素，因此河蟹废弃物可用来制取蛋白风味素、蟹油、虾脑油、芳香剂，还可提取虾青素，提取钙质制成补钙食品。河蟹有清热、祛湿、化瘀的保健作用，其药用价值越来越吸引众多消费者的关注。

近年来，我国水产养殖业发展水平得到显著提高，水产品人均占有量达到45.35千克，水产蛋白质消费占我国动物性蛋白质消费的1/3，水产养殖已成为我国重要的优质蛋白质来源。河蟹是我国特有的淡水名优水产珍品之一，河蟹养殖发展很快，从最初的资源放流型养殖，到目前的集约化高密度精养，是我国渔业生产中发展最为迅速、最具特色、最具潜力的支柱产业。经过近30余年的发展与完善，我国河蟹养殖面积已达100万公顷以上，涉及全国30多个省（自治区、直辖市），河蟹亩均效益、总产值已成为我国淡水养殖品种中的佼佼者，河蟹养殖业已成为我国淡水渔业的支柱产业之一，富裕了农民，丰富了市场供应，形成了良好的经济效益、社会效益和生态效益，带动了流通、加工、服务、房产、汽车、金融等相关产业，繁荣了社会主义新型农村和城镇建设。

我国河蟹产业正处在一个良好的发展时期，养殖范围越来越广，从地理分散型向地域集约化发展，不但长江流域、沿海地区养殖，北方和内陆地区也在不断引进发展，除黑龙江、青海、西藏等少数地域发展缓慢外，南到福建、广东，北至辽宁、山东、河北等地都有河蟹的养殖，已形成了以太湖、洞庭湖、洪泽湖、鄱阳湖、巢湖、阳澄湖等大中湖泊为基地，辽河、长江、闽江为产业带的区域集约化、规模化养殖格局。各地充分利用各类水域资源，不断探索创新河蟹养殖模式，全国已经基本建立了一整套河蟹养殖技术体系，目前主要有湖泊围栏养蟹、外荡养殖、池塘养蟹和稻田养蟹等形式，池塘养蟹和湖泊养蟹是南方河蟹养殖的主体方式，稻田养蟹是北方河蟹养殖的主体方式。同时，人们对河蟹市场的认知度不断提升，河蟹市场的选择空间逐步拓展，包括生产经营、加工生产、监控追溯、标准技术规程、网络媒体宣传等，河蟹质量安全和营养品质已成为社会关注的热点，河蟹养殖质量风险加大也带来养殖管理成本的增加。

关注生产增长方式，优化生态环境，有效防控病害，规范生产投入品使用，提高河蟹产品的品质，夯实质量安全技术支撑，一系列问题都需要提供新颖、实用、可操作的理论借鉴。本书可供从事河蟹养殖的水产技术人员、管理人员和渔农民学习使用，也适合广大水产科研人员、水产院校师生阅读参考，期望能为引领我国河蟹产业向生态健康、质量安全、精准精细等转型和促进现代渔业发展提供指导作用。

本书在编写过程中，得到中国水产科学院淡水渔业研究中心朱健研究员等老师的指导帮助，国家科技支撑计划"淡水健康养殖关键技术研究与集成示范"项目"水网地区池塘高效生态养殖技术集成与示范"课题组（2012BAD25B07）与江苏省淡水水产研究所、江苏省水产技术推广站、江苏省农业科学院泰州农科所、泰州市水产站、兴化市水产局和相关企业、单位专家与领导给予了大力支持，在此一并致谢。

由于编者水平有限，本书难免存在不当之处，恳请读者批评指正。

编　者

2018 年 3 月

河　蟹
无公害安全生产技术

第二章　河蟹养殖的环境条件

第三章　河蟹苗种培育与放养选择

第四章 河蟹养殖方式及模式

第五章　河蟹水质调控要求

第六章　河蟹饲料投喂方法

第七章 河蟹病害防控及渔药使用

参考文献

第一章

河蟹品种及其生物特性

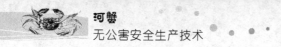

目前全世界的蟹类约有 4500 多种，分布在我国及其附近沿海的种类约有 700 种，主要分布在淡水、河口以及海洋中。河蟹是淡水中生长、海水中繁殖的蟹类。

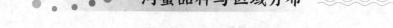

第一节

河蟹品种与区域分布

一、品种

河蟹是我国特产，其学名为中华绒螯蟹（*Eriocheir sinensis*），俗称毛蟹、螃蟹、清水蟹、大闸蟹、胜芳蟹，又根据其行为特征与身体结构而被称为"横行将军"或"无肠公子"。河蟹在分类上属于节肢动物门、甲壳纲、软甲亚纲、十足目、爬行亚目、方蟹科、绒螯蟹属。绒螯蟹属有 4 个种，即中华绒螯蟹（图 1-1）、日本绒螯蟹（图 1-2）、直额绒螯蟹、狭额绒螯蟹。中华绒螯蟹和日本绒螯蟹个体大，养殖产量高，具有较高的经济价值；直额绒螯蟹、狭额绒螯蟹个体小，经济价值不大，但直额绒螯蟹具有春季洄游大海生殖的习性，在此时捕捞能调剂蟹市，满足市场需求。如台湾，每年 5 月份有性腺成熟的黄满膏肥的直额绒螯蟹上市，价高畅销。所以当地有人说："没有大闸蟹，小蟹能称王"。中华绒螯蟹（图 1-3）与日本绒螯蟹（图 1-4）外表相似，但在头胸甲形状、额缘额齿形状、第 4 侧齿、额后疣状凸起数量等方面有显著差异。不同水系的河蟹种群杂交，形成杂种蟹，其形态特征介于两者之间（图 1-5、表 1-1）。

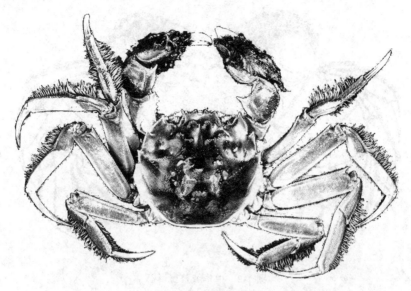

图 1-1 中华绒螯蟹

图 1-2 日本绒螯蟹

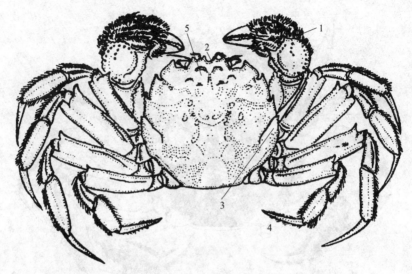

图 1-3　中华绒螯蟹形态

1—螯肢内外侧具绒毛；2—额齿尖锐；3—第 4 侧齿小而明显；

4—第 4 步足末节尖爪状；5—6 个疣状突起

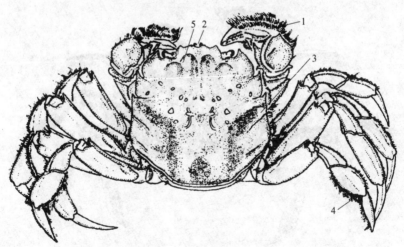

图 1-4　日本绒螯蟹形态

1—螯肢内外侧具绒毛；2—额齿较钝圆；3—第 4 侧齿退化；

4—第 4 步足末节宽扁状；5—4 个疣状突起

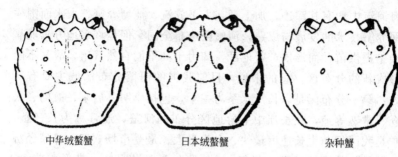

中华绒螯蟹   日本绒螯蟹   杂种蟹

图1-5 中华绒螯蟹、日本绒螯蟹与杂种蟹头胸甲形态比较

表1-1 中华绒螯蟹与日本绒螯蟹及杂种蟹形态比较

形态特征	中华绒螯蟹	日本绒螯蟹	杂种蟹
头胸甲形状	隆起明显	呈平板状,隆起不明显	介于两者之间
额缘额齿	4个额齿尖,缺刻深,特别是左右2个呈"U"形	4个额齿平,缺刻浅	4个额齿尖,缺刻中增,特别是左右2个呈"浅锅形"
额后疣状凸起	具6个疣状突起,前面一对前凸似小山状,后面中间一对明显	具4个疣状突起,前面一对稍向前凸,后面中间无疣状突起	具4~6个疣状突起,前面一对稍向前凸,中间一对不明显
第4侧齿	小而明显	不明显	小,有时仅有痕迹

二、区域分布

中华绒螯蟹与日本绒螯蟹分布的区域性极为明显。中华绒螯蟹分布在我国中部沿海通江河的地区;而日本绒螯蟹则分布在我国南方的福建、台湾、广东、广西和香港等沿海地区和日本海沿岸通江河地区。在瓯江水系、闽江水系,两种绒螯蟹的分布有交叉和重叠现象。

中华绒螯蟹是我国重要的经济蟹类。河蟹在世界上许多地方都有分布,唯有中国能形成其特有的种群和特定的产量。它在我国的分布较广,从北方辽宁省的辽河口到南方福建省的闽江口,各省通海河流中均有其踪迹。加上现在人工放流、池塘养蟹、大水面围栏网养蟹技术的发展与成熟，河蟹已遍布全国。但是许多地方只能靠人工提供苗种而形成产蟹地区，却由于其不能自然繁殖，故又不能形成新的分布区。总的来说，目前我国的河蟹分布区域主要有三处：第一分布区是以长江水系为主干，包括崇明、启东、海门、太仓、常熟等地，在长江中下游地区分布的河蟹，通常称为长江蟹，它是我国目前生长速度最快、个头最大、最受市场欢迎、养殖经济效益最好的河蟹种群，每年4～6月在上海崇明岛一带形成苗汛；第二分布区是在辽河水系，通常称为辽蟹，包括盘山、大洼、营口、海城等地，由于辽蟹的适应能力比较强，生长速度仅次于长江蟹，而且"北蟹南移"业已成功，因此在长江河蟹资源日益枯竭的今天，用辽蟹取代长江蟹进行人工增养殖是个重要的研究课题；第三分布区是在浙江省温州与瓯江一带，包括苍南、瑞安、平阳、乐清等地，通常称为瓯江蟹或温州蟹，目前这种蟹"南蟹北移"后的生长速度、规格、经济效益都不如在本地区养殖的，因而它只能在瓯江水系一带发展，而不适于其他水域的增养殖。

各水系的河蟹都有各自的优缺点。长江水系、瓯江水系、辽河水系、闽江水系的河蟹虽然同属于一个种，但由于它们长期处于不同的生态环境之中，作为种群在生态特征、形态特征、同工酶及遗传多样性上存在一定差异，但这些差异不足以形成亚种甚至新种。因此，一般非专业人员较难对之作出鉴别，故流通领域里有人以假乱真，使养殖生产者受骗上当、蒙受损失。即使是同一水系的河蟹蟹种，也存在着质量差异，因此，蟹农应掌握同一水系河蟹优良蟹种的鉴别技术，按鉴别标准购买优质蟹种，减少养蟹风险。

1. 瓯蟹、辽蟹与长江蟹形态区分

不同水系河蟹的外形基本相似。当河蟹规格达到每千克1000只或以下时，凭肉眼可以分辨三水系河蟹的形态差异。瓯蟹、辽蟹与长江蟹主要区别在于体形、体色、额齿尖锐程度、中间二额齿的夹角大小、第4侧齿的明显程度和第二步足长节的长短、扁宽及步足刚毛的颜色和致密程度。

长江水系成熟河蟹有青背、白肚、金爪、黄毛的特征，背部呈墨绿色（湖泊）或古铜色（池塘、塘堰），腹部呈白色，步足背部暗绿色，腹面淡灰色（幼蟹阶段，背部和步足具斑块或斑纹）；趾爪金黄，其上密布淡黄色长毛。头胸甲亚圆形，宽大于长。背部的前额缘具4个额齿，以中间两额齿最尖锐且缺刻最深，其间的夹角小于或接近90°，一般呈"V"字形。前侧缘具4枚侧齿，第一枚齿最大，第四枚齿最小，与侧缘之间的夹角较其他水系的种群稍大。步足细长，野生种的第二步足弯曲时长节末端可达眼眶线，各对步足的胫节的趾节扁宽趾节（末节）尖爪状。

瓯江水系成蟹、蟹种、蟹苗的形态特征与长江水系的基本一致。在大眼幼体阶段，两水系所产的天然蟹苗无法鉴别。经蜕壳8～9次，幼蟹在当地培育至规格达每千克500～1000只时，由于生存环境的不同，瓯江水系的蟹种与长江水系的蟹种相比，在形态上出现不同。头胸甲近方形，宽略大于长，或几近相等。额齿4枚，外侧2齿尖锐，而中间2齿略钝圆，其夹角等于或大于90°。在蟹种阶段，头胸甲多色斑、色条或色块，这一特征以瓯江水系以南福建产的蟹种（福蟹）最为明显。成蟹背部呈古铜色或深暗色，腹部呈灰黄色并伴有铁锈色斑块，步足背面或腹面近黑色。第二步足长节较短而宽，弯曲时末端未达眼眶线，步足刚毛稀少。

辽河水系河蟹成体的形态与长江水系的相近，头胸甲近方形，宽略大于长。幼蟹体背青黑色，腹部银灰色，头胸甲和步足具花斑；成蟹体背青黑色，腹部白色。辽河水系河蟹体形较平扁，额齿4枚，中间两额齿尖锐，其夹角为小于90°的锐角，第4侧齿较长江蟹细小，步足扁宽，第二步足长节末端未达眼眶线。步足刚毛粗而细密，呈棕黄色，色深，蒸煮后头胸甲常呈深红色。

2. 瓯蟹、辽蟹与长江蟹生长特性

不同水系河蟹种虽然在形态方面的差异不大，但在生长特性上差异较大，并与养殖地理位置有关。

一般来说，在长江中下游地区养殖河蟹，以长江蟹的生长较快，成蟹个体较大。据杨振久（2005）报道：江苏、安徽、湖北、

湖南等内湖放养长江系苗种，5月底至6月初放养的蟹苗，当年个体一般可达50～75克，少数达100克。翌年秋，河蟹个体一般在150～250克。不过也有学者报道，辽蟹在长江水系中养殖，如果水质条件好、管理合理，与长江蟹的差异并不明显。

辽蟹与长江蟹相比，其主要优点是环境适应性强，尤其对北方的低温环境，因此北方地区大部分养殖户还是喜欢养殖辽蟹。辽蟹因其所处的地理环境相对寒冷，越冬时间长，自然生长时间缩短，因此长期的自然选择形成了种群对环境的适应，在遗传上形成了辽蟹种群生长周期较短和个体较小的特点，一般在中秋节以前就开始进入生殖洄游期，生长周期比长江蟹短约1个月，这就使长江蟹和辽蟹在生长后期出现了较大的差异，而生产上辽蟹仍按长江蟹的起捕日期进行起捕，错过了辽蟹的捕捞高峰期，导致回捕率降低。因此，根据生长期的不同，适当提早捕捞高峰期，是提高辽蟹在长江水域养殖回捕率的有效手段。从瞬间生长率来看，辽蟹生长甚至大于长江蟹，在长江中下游地区如果采用早放辽蟹的方法，也可提高其在南方的养殖规格。

瓯江水系蟹苗在20世纪80年代中期几乎占领了整个南方地区河蟹增养殖市场。对其养殖效果和生长特性各地反映不一，但总体还是不及长江蟹苗。针对长江蟹、辽蟹和瓯蟹等在遗传和生长上存在的差异，不同地域养殖河蟹应结合当地的气候条件、水质特点及采取的养殖方式而选择合格的品种进行养殖，以获得更好的经济效益。

第二节
河蟹的形态与特性

一、外部形态

河蟹身体分头胸部和腹部，腹部退化，折贴于头胸部之下。蟹类体节 21 节，其中头部 6 节、胸部 8 节、腹部 7 节，但头胸部愈合，节数不能分辨。5 对胸足伸展于头胸部的两侧，左右对称。

1. 头胸部

头胸部背面覆盖一背甲，称头胸甲，俗称"蟹兜"，头胸甲中央隆起，表面凹凸不平。头胸甲边缘分为额缘、眼缘、前侧缘、后侧缘和后缘。额缘具 4 个额齿，中央 2 个为内额齿，外侧为外额齿，中央两额齿间一凹陷最深，其底端与头胸甲后缘中点之连线为头胸甲长度，表示中华绒螯蟹的体长。左右前侧缘各具 4 齿，为侧齿，由前至后依次变小。第 4 侧齿的间距为头胸甲的宽度，即表示蟹的体宽。额后有 6 个疣状突。

2. 腹部

蟹类腹部退化，紧贴头胸部下面折向前方，通常称为"蟹脐"，四周有绒毛。幼蟹腹部均为长三角形，随着生长，雌蟹渐呈圆形，雄蟹仍为狭长的三角形。展开腹部可见中线有一隆起的肠道以及腹部附肢。

3. 附肢

中华绒螯蟹的附肢因功能的分工而形态各异，但均由双肢型演变而成。头胸部的附肢有：2 对触角、1 对大颚、2 对小颚、3 对颚足、5 对步足。腹部附肢退化，雌蟹 4 对，雄蟹 2 对。雌蟹腹肢着生于第 2～5 腹节上，具内、外肢，密生细长刚毛，用于附着和抱持卵粒。雄性腹肢退化，已特化为交接器，着生于第 1～2 腹节上。

二、内部构造

打开河蟹的头胸甲，即可见胃、肝脏、心脏、鳃、生殖腺等重要内脏器官。

1. 消化系统

中华绒螯蟹的消化系统包括口、食道、胃、中肠、后肠和肛门。口位于大颚之间，食道短，末端通入膨大的胃。胃内具胃磨，胃壁上有 1 钙质小粒。蟹蜕壳后，钙质小粒逐渐被吸收到柔软的新外壳中，使壳变硬。中肠短，后肠较长，末端开口在腹部末节。中华绒螯蟹消化腺即肝胰脏，左右两叶，橘黄色，肝脏还有储存养料的功能，以备在缺食的冬季以及洄游时供给营养。

2. 呼吸系统

鳃 6 对，位于头胸部两侧鳃腔内。鳃腔通过入水孔和出水孔与外界相通，水从螯足基部的入水孔进入鳃腔，再由第 2 触角基部下方的出水孔流出。中华绒螯蟹登陆时，不断地自水孔向外吐水，嗤嗤作响并形成泡沫，若干露时间长，则第 1 对颚足内肢会将出水孔关闭，以防鳃部干燥，故中华绒螯蟹适宜于长途干运。

3. 循环系统

心脏位于头胸部的中央，略呈五边形，外包一层围心腔壁。蟹的血液无色，血液由心脏发出的动脉流出，进入细胞间隙中，然后汇集到胸血窦，经过鳃血管，进入鳃内营气体交换，再由鳃静脉汇入围心腔，经由心脏上的 3 对心孔，回流到心脏。

4. 排泄器官

蟹的排泄器官为触角腺，又称绿腺，为左右两个卵圆形的囊状物，被覆在胃的背面，开口在第二触角基部，由海绵组织的腺体和囊状的膀胱组成。

5. 神经系统

神经系统位于头胸部背面、食道之上、口上突之内，有一略呈六边形的神经节，亦称脑。脑神经节向前和两侧发出 4 对主要的神经，向后通过一对围咽神经与头胸部腹面的中枢神经系统连接。腹部具一大腹神经团，分出许多分枝，散布到腹部各处，腹部感觉十分灵敏。蟹感觉器官较发达，除复眼和平衡囊外，第 1 触角、第 2 颚足指节上的感觉毛有味觉功能。

6. 生殖系统

雄蟹精巢乳白色，位于胃两侧，在胃和心脏之间相互融连，射精管在三角膜下内侧与副性腺汇合，其管变细，开口于第 7 节腹甲的皮膜突起之处（阴茎）。副性腺为有许多分支的盲管。

雌蟹卵巢左右两叶，呈"H"字形，成熟时呈紫酱色或豆沙色，充满头胸甲的大部分空间并延伸到腹部前端和后肠两侧。卵巢有一对很短的输卵管与纳精囊相通，纳精囊开口于腹甲第 5 节的雌孔上。纳精囊交配前是一空盲管，交配后充满精液，膨大并呈乳白色。

第三节
河蟹的生活习性

一、食性与生长特征

中华绒螯蟹为杂食性，但偏爱动物性饵料（如鱼、虾、螺、蚬、河蚌、水生昆虫等），并残害同类，对腐臭的动物尸体尤感兴趣。在自然环境中，因动物性饵料缺乏，中华绒螯蟹主要取食水草、水生维管束植物或一些岸边植物。幼蟹、成蟹一般白天隐居于洞穴中，夜晚出洞觅食。夏季蟹的食量大，但耐饥能力也很强，十天半个月甚至更久不进食也不致饿死（但须保持鳃腔温润）。

（1）"无肠公子" 由于蟹经常爬行水底的缘故，步足特别发达，头部和胸部连在一起成为身躯的主体——头胸部，而与其相关的腹部和游泳用的腹肢也就随之萎缩，成一薄片，卷贴在头胸部之下，以减少爬行时的拖累，所以人们就误以为螃蟹没有腹部及肠子了。

（2）"变色的铠甲" 河蟹全身披甲，不愧为具有铠甲的斗士，一遇侵害就威武地举起两个大螯，奋起战斗。由于甲壳下面真皮层中的各种色素细胞吸收和反射光线的波长不同，河蟹的铠甲颜色会随着生活环境的变化而变化，就会显示出各种颜色，以适应环境和保护自己。河蟹煮熟时变成红色，是因为甲壳中的色素主要是虾青素，加热后虾青素与变性的色素蛋白结合而造成的。

（3）"无色的血液" 血液仅由淋巴和吞噬细胞组成，吞噬细胞即变形虫状的白细胞，而血清素则溶解在淋巴内，所以河蟹的血液是无色的，它的血液循环是闭管式循环系统。

（4）"呼吸与泡沫" 河蟹用鳃呼吸。在水中，水流经过鳃腔，冲洗着蟹的鳃片，也起着呼吸作用。但当河蟹暂时离开水以后，仍然依靠着鳃腔里储存的水分进行呼吸，此时，空气进入鳃腔，和剩余水分混合在一起，喷出来的时候就形成了许多泡沫，由于不断呼吸，泡沫也愈积愈多，同时，泡沫在空气中又不断破灭，发出淅沥淅沥的声音。

（5）"九月团脐十月尖" 在长江中下游地区，一般在农历9月份，雌蟹进入生长成熟阶段，而雄蟹则要延迟到10月份，只有这时的螃蟹才会肉味鲜美，蟹黄饱满。"圆""尖"指的是蟹脐的形状。9月要食雌蟹，这时雌蟹黄满肉厚；10月要吃雄蟹，这时雄蟹膏足肉坚。

二、行为特征

中华绒螯蟹的神经系统和感觉器官较发达，对外界环境反应灵敏。复眼视觉敏锐，人在河边走，远处或隔岸的蟹会立刻钻进洞穴或逃走；在夜晚微弱光线下，也能觅食和避敌。

中华绒螯蟹能在地面迅速爬行，也能攀高和游泳。爬行以4对步足为主，偶尔也用螯足。第3对、第4对步足较扁平，其上着生刚毛较多，有利于游泳。

（1）断肢再生 当中华绒螯蟹受到强烈刺激或机械损伤时，常会发生肢体自切。断肢处位于附肢基节与座节之间，此处构造特殊，既可防止流血，又可再生新足。断肢数天后，就会长出一个疙状物，继而长大。但附肢再生仅在蟹蜕壳生长阶段，变为"绿蟹"后，再生能力也即停止。

（2）冬眠习性 和所有的水生动物一样，河蟹也受外界环境的影响，这种影响主要表现在蟹的越冬上。当气温下降到5℃左右时，河蟹就会栖居在洞穴中或草丛中或泥土中，进入冬眠状态。在冬眠期间，河蟹基本上不吃不动，螯足和附肢也基本无力。

（3）"横行霸道"的作风 河蟹头胸部的宽度大于长度，两侧步足的关节只能向下弯，爬行时，常用一侧步足的指尖抓住地面，再由另一侧步足在地面上直伸起来，推送身体向一侧移动。因为它全身披甲和横向斜行，一遇侵害，常会竖起两只大螯，夹住东西死死不放，故给人一种天不怕、地不怕的"横行霸道"的印象。

（4）贪食、好斗、打洞的天性 河蟹最喜欢吃螺、蚌、蠕虫、昆虫及其幼虫，消化能力很强，食量也很大，饱食后多余的养料储藏于肝脏中。河蟹凶残好斗，常因抢穴、夺食而引起互相厮斗，往往也残害同类，受了伤的、附肢严重残缺的河蟹或刚蜕了壳后新壳尚未坚硬的"软壳蟹"，都会遭受同类的争食。尤其是在河蟹交配产卵场所，为了争夺一只雌蟹，会有数只雄蟹凶猛格斗，经久不息。河蟹昼伏夜出，呈穴居生活，蟹穴一般位于高低水位线之间，其洞穴迂回绕道，有的长达数米，因此河蟹常靠一对强有力的螯足掘穴，将土块掘起合抱于额前运出洞外。

三、生活环境特征

中华绒螯蟹生活在水质清新、水草丰盛的江河、湖泊和池塘中，喜栖居泥岸或滩涂洞穴或隐藏在石砾、水草丛中。在潮水涨落的江河中，蟹穴多位于高、低水位之间；而湖泊中河蟹的洞穴较分散，常位于水面之下。中华绒螯蟹掘穴能力强，严冬季节，潜伏洞穴中越冬。但在土池散养成蟹，掘穴率较低，为10%～20%，且多为雌蟹；大多数个体藏匿于底泥中，只露出眼和触角，维持呼吸；或是寻找藏身之处，有时也会堆挤在一起。精养池塘池壁坡度大于1∶3，中华绒螯蟹在饲养期几乎不打洞。

河蟹是一种洄游性动物，每年"霜降"前后，淡水中生活的河蟹性腺发育成熟，便开始了由淡水向河口半咸水的生殖洄游。每当秋季来临，寒风刺骨，淡水湖泊水温下降，性腺成熟的河蟹即顺着水流由湖、库、池塘向江河移动，再由江河向河口浅海远征。

第四节
河蟹的繁殖习性

一、繁殖季节

中华绒螯蟹在淡水中生活2秋龄后，便开始成群结队、浩浩荡荡地离开栖息地，向通海的江河移动，沿江河而下，到达河口咸淡水中交配繁殖，这就是中华绒螯蟹生活史中的生殖洄游。中华绒螯蟹生殖洄游前，个体较小，壳色土黄，人们称其为"黄蟹"。每年8～9月，"黄蟹"完成生命过程中的最后一次蜕壳（又称生殖蜕壳）后，即进入成蟹阶段，此时背甲呈青绿色，称为"绿蟹"（表1-2）。"绿蟹"甲壳不再增大，而性腺迅速发育，体重明显增加，"黄蟹"蜕壳成为"绿蟹"，即标志着中华绒螯蟹已进入性成熟期。因水温差异，我国南方、北方地区中华绒螯蟹的性腺成熟时间不同。北方地区9月份左右，中华绒螯蟹的性腺逐渐成熟，开始生殖洄游；而长江以南地区，性腺成熟较晚，生殖洄游的时间大约在11月下旬。

表1-2　黄蟹和绿蟹的特征比较

形态特征	黄蟹	绿蟹
头胸甲颜色	淡黄色或土黄色	青绿色或墨绿色
雌蟹腹脐形状	三角形，不能覆盖胸甲腹面	椭圆形，能覆盖胸甲腹面
雌蟹腹脐边刚毛	短而稀	长而密
雄蟹整足刚毛	短而稀	长而密
雄性交接器	软管状，未骨化	坚硬，骨质化
肝脏、性腺	肝脏大（橘黄色），性腺小	性腺体积增大，大于肝脏
蜕壳	蜕壳生长	不再蜕壳
生殖洄游	尚未	开始生殖洄游

二、性成熟

"黄蟹"性腺尚未成熟,肝脏较大,为卵巢重的 20～30 倍;卵巢、精巢等均呈淡肉色,体积小,其重量不到体重的 1‰,故肉眼难以鉴别雌雄性腺。变为"绿蟹"后,性腺迅速发育,卵巢重逐渐接近肝脏重;进入交配产卵阶段,卵巢重则明显超过肝脏,体积和颜色变化显著。中华绒螯蟹卵巢发育大致分为 6 期(表 1-3)。

表 1-3　中华绒螯蟹卵巢发育分期

卵巢发育期	卵巢发育情况
第 I 期	性腺乳白色,细小,重 0.1～0.4 克;肉眼较难分辨雌雄性腺
第 II 期	卵巢呈淡粉红色或乳白色,较膨大,比第 I 期增重 1 倍多,重量为 0.4～1 克;肉眼已能分辨雌雄性腺
第 III 期	卵巢紫色,体积增大,重 1～2.3 克;肉眼可见细小卵粒
第 IV 期	卵巢呈紫褐色或赤豆沙色,重 5.3～9.5 克,接近或超过肝重;卵粒明显可见
第 V 期	卵巢呈紫酱色或赤豆沙色,体积增大,充满头胸甲,卵粒大小均匀,游离松散,卵巢重超过肝重的 2.5 倍
第 VI 期	出现黄色或枯黄色退化卵粒,过熟卵可占卵巢的 1/4～2/5

卵巢中卵细胞是分批发育成熟的。当雌蟹第一次产卵后,伴随着腹肢上受精卵胚胎发育和幼体孵化,体内萎缩的卵巢又开始重新发育和成熟,并能第 2 次、第 3 次产卵。

在人工养殖过程中,当年蟹种因营养过剩、有效积温过高或水环境差(如盐度高)等原因,致使性腺开始发育,造成 1 龄蟹种性早熟(俗称"小绿蟹")。早熟蟹个体小,不再蜕壳,而可参加生殖洄游,到翌年春天死亡。

三、中华绒螯蟹的交配产卵

1. 交配

到了性成熟阶段,中华绒螯蟹对温度、盐度和流水等外界因子的变化十分敏感。

俗话说"秋风起，蟹脚痒"，每到晚秋季节，水温下降，中华绒螯蟹便开始降河生殖洄游。随着中华绒螯蟹的降河，其性腺越趋成熟，当亲蟹群体游至入海口的咸淡水交界处时，雌雄亲蟹进行交配产卵。12月到翌年3月，是中华绒螯蟹交配产卵的盛期，交配产卵的适宜温度为8~12℃。水温8℃以上，性成熟的雌雄蟹只要一同进入盐度7~33的海水环境中，均能顺利交配。

交配前，雄蟹首先"进攻"雌蟹，经过短暂的格斗，雄蟹以大螯钳住雌蟹的步足，雌雄蟹呈相拥姿势。抱对后，雌蟹打开腹部，露出胸部腹甲上的生殖孔，雄蟹也随即打开腹部，按住雌蟹腹部的内侧，使雌蟹腹部暂时不能闭合，交接器末端紧贴雌蟹生殖孔，将精荚输入储存在纳精囊内。交配过程短则几分钟，长则数天，视性成熟的程度而定。中华绒螯蟹有多次重复交配的习性。

2. 产卵

雌蟹交配后，在水温9~12℃、海水盐度7~33时，经7~16小时产卵。卵子经输卵管与纳精囊输出的精液汇合，经由雌孔产出。受精卵仍为酱紫色或赤豆沙色，卵径0.3毫米左右。雌蟹腹肢上分布有大量黏液腺和分泌管开孔，卵排出后向刚毛移动过程中，与腹肢表面和刚毛上的黏液接触，卵的表面逐渐被黏液包被，黏液黏稠部分产生卵柄，多个卵扭动逐渐形成绳状结构并附着到刚毛上。

中华绒螯蟹在淡水中虽能交配，但不能产卵。海水刺激是雌蟹产卵和卵子受精的必需条件。海水盐度7~33时，雌蟹均能顺利产卵。卵巢发育成熟，一旦具备产卵环境，雌蟹不经交配亦能产卵，但此类卵未受精，不能发育。雌蟹产卵的外界条件除盐度外，与水温、水质以及亲蟹密度等也有关。在低水温（5℃以下）、水质不良或密度过高的情况下，雌蟹虽然产卵，但卵不能黏附于刚毛，而会全部或大部分散落于水中，导致"流产"现象。

雌蟹产卵量与体重成正比，体重100~200克雌蟹，怀卵量30万~65万粒，多者80万~90万粒。第2次产卵的产卵量较少，为数万粒到十几万粒；第3次产卵量更少，为数千粒到数万粒。第

2、3次产卵，卵径较小，人工育苗成活率低。雌蟹第1次产卵孵幼完毕，会用螯足清除腹部内肢刚毛上的剩余卵子和卵壳，以准备下一次产卵。

四、河蟹的幼体发育

受精卵在雌蟹腹肢内肢刚毛上孵化。孵化过程受到母体良好的保护，因而孵化率很高，中华绒螯蟹初孵幼体称溞状幼体。溞状幼体经5次蜕皮变态为大眼幼体；大眼幼体经1次蜕皮变成仔蟹；幼蟹经多次蜕壳才逐渐长成成体。

1. 溞状幼体

溞状幼体营浮游生活，每2～5天蜕皮1次，依次变态为第2、第3、第4、第5期溞状幼体。伴随着每次蜕皮，溞状幼体的形态发生变化，第1、第2颚足外肢末端的羽状刚毛数、尾叉内侧缘的刚毛对数以及胸足与腹肢的雏芽出现与否是分各期溞状幼体的主要依据（表1-4）。

表1-4 溞状幼体各期形态特征鉴别表

时期	体长/毫米	第1、2颚足外肢末端的羽状刚毛数	尾叉内侧缘的刚毛对数	胸足、腹肢雏芽
Z_1	1.6～1.8	4	3	未出现
Z_2	2.1～2.3	6	3	未出现
Z_3	2.4～3.2	8	4	未出现
Z_4	3.5～3.9	10	4	出现
Z_5	4.5～5.2	12	5；腹肢呈棒状	胸足基本成型

溞状幼体具有趋光性，依靠颚足的划动和腹部不断伸曲来游泳和摄食。初期溞状幼体多浮游于水体表层和水池边角，成群聚集；后期则多下沉水底层。幼体摄食单细胞藻类、轮虫、贝类担轮幼虫、沙蚕幼体、卤虫无节幼体、蛋黄、黄豆浆等。

2. 大眼幼体

第5期溞状幼体蜕皮即变态为大眼幼体，大眼幼体胸甲扁平，体长 4～5 毫米，复眼大而显著，故称大眼幼体，也称蟹苗。大眼幼体具螯足、步足和游泳肢，具有较强的攀爬能力和快速游泳能力，也可攀附水草上，能短时离水生活。大眼幼体具很强的趋淡性、趋流性和趋光性，随潮水进入淡水江河口。大眼幼体性凶猛，能捕食较大的浮游动物（如枝角类、桡足类等），也捕食同类。

3. 仔蟹、幼蟹

大眼幼体蜕皮即成为仔蟹，仔蟹头胸甲长约 2.9 毫米、宽约 2.6 毫米，腹部折贴于头胸部之下，已具备 5 对胸足，腹部附肢退化，形态与成蟹相似。仔蟹似黄豆大小，故也称豆蟹。仔蟹继续上溯进入江河、湖泊中生长，经过若干次蜕壳，逐步生长为幼蟹（蟹种）。

幼蟹体形渐成近方形，能爬行和游泳，开始掘洞穴居。幼蟹杂食性，主要以水生植物及其碎屑为食，也能取食水生动物腐烂尸体和依靠螯足捕捉多种小型水生动物。

五、河蟹的蜕壳与生长

1. 河蟹蜕壳的特点

河蟹通过蜕壳而生长，幼体期间每蜕 1 次壳，身体可增大 1/2；以后随着个体增大，每蜕 1 次壳，头胸甲增长 1/6～1/4。中华绒螯蟹的生长受水质、水温、饵料等环境因子的制约；饵料丰富，则蟹的蜕壳次数多，生长迅速；环境条件不良（如咸水、高温），则停止蜕壳，生长缓慢。河蟹蜕壳有以下几个特点。

（1）河蟹蜕壳要求浅水、弱光、安静和水质清新的环境。河蟹通常在水面下 5～10 厘米处蜕壳。河蟹总选择在夜间，并喜欢在水生植物的隐蔽下蜕壳，通常在半夜至早晨 8 时，黎明是高峰期。

（2）蜕壳前河蟹体色深，蟹壳呈黄褐色或黑褐色，腹甲水锈多，步足硬；蜕壳后的河蟹体色淡，腹甲白，无水锈，步足软。

（3）河蟹在蜕壳时以及蜕壳完成前不摄食。

（4）河蟹必须在水中蜕壳。河蟹在蜕壳前后，体内开始吸收大量水分，因而蜕壳后，其体重明显增加。随着河蟹肌肉组织的生长，体内含水量逐步下降。直到原来的外骨骼无法容纳肌肉组织的生长，其头胸甲后缘左右 2 块囊状三角膜吸水膨胀，使头胸甲后缘甲壳裂开并撬起。随着旧壳与新甲壳之间缝隙增大，体内开始大量吸收水分，其皮肤褶皱逐步舒展，冲破原有旧壳，完成蜕壳过程。因此，河蟹蜕壳后，体长、体宽和体重均明显增大。

（5）河蟹蜕壳前后的增重倍数与营养、环境条件密切相关。其增长值并不是固定不变的，主要与其营养水平有关。在营养、环境条件差的情况下，种群蜕壳时间明显延长，而且每次蜕壳后的增重比率低，仅比原来增加 20％～30％。在营养、环境条件好的情况下，种群蜕壳时间同步性好，而且每次蜕壳后的增重比率高，比原来增加 100％左右。

据长江流域河蟹养殖主产地调查，营养条件对河蟹的生长蜕壳影响显著（表 1-5）。

表 1-5　不同营养条件下成蟹阶段蜕壳前后体重比较（长江流域）

项　目		营养条件差，养分不全面	营养条件好，养分全面
蜕壳时间		同步性差，需 2～3 周	同步性好，需 3～5 天
体重比原来增重	第一次蜕壳	20％～30％	90％～130％
	第二次蜕壳	20％～22％	80％～120％
	第三次蜕壳	17％～20％	70％～100％
	第四次蜕壳	20％以下	70％以上
	第五次蜕壳	25％以下	90％以上

（6）河蟹能否顺利蜕壳与蜕壳素密切有关。河蟹蜕壳时，除了生长所必需的营养物质（包括钙和磷）外，蜕壳素起重要作用。蜕壳素是类固醇激素，又称蜕皮激素。没有蜕壳素的参与，河蟹不能完成蜕壳过程，也就不能正常生长，甚至会造成蜕壳不遂而死亡。

（7）在不良环境条件下（水温过高、营养不良或不全面、水质条件差、盐度高等），河蟹发育阶段加速，就减少蜕壳次数，直接至成熟时蜕壳。因此，在养殖过程中，如养殖环境条件差，无论在北方和南方均会产生性早熟蟹。

(8) 河蟹蜕壳后，身体软弱无力，称为软壳蟹。软壳蟹极易受同类或其他敌害生物的侵袭。因此，河蟹每次蜕壳后，是其生命过程中最脆弱的时刻。在这段时间，河蟹抵御敌害和回避不良环境的能力明显下降。人工养殖时，促进河蟹同步蜕壳和保护软壳蟹，是提高河蟹成活率的关键技术之一。

2. 河蟹一生的蜕壳次数

在正常情况下，长江流域的中华绒螯蟹一生大约蜕壳 20 次。其中幼体阶段 5 次，仔蟹（豆蟹）阶段 5 次，蟹种（扣蟹）阶段 5 次，成蟹阶段 5 次。身体的增大、形态的改变和断肢的再生均与蜕壳有关，在中华绒螯蟹生活史中，蜕壳贯穿于整个生命活动中。

(1) 河蟹溞状幼体经 5 次蜕皮变态为大眼幼体，大眼幼体再蜕 1 次壳变态为Ⅰ期仔蟹。

(2) 河蟹的性腺发育到一定程度后，进入生殖蜕壳，此次蜕壳是河蟹一生最后一次蜕壳。

(3) 河蟹生殖蜕壳的年龄与营养、水温、水质有密切关系。在长江流域，第一年，当生活环境不利于生长，则河蟹生殖蜕壳提前，形成小绿蟹。第二年，如生长阶段营养过剩，则比正常河蟹提前进入生殖蜕壳，其商品规格小。在长江流域，如营养条件差，河蟹会延长到第三年成熟。在成蟹阶段，如果夏季高温时间长，河蟹仅蜕 4 次壳，就开始生殖洄游。在北方高寒地区，河蟹生殖蜕壳则推迟至第三年秋季，少数河蟹要到第四年。

(4) 成蟹阶段，在当地自然生长条件下，北方辽河水系的河蟹要比南方长江流域少蜕 1 次壳。如将辽蟹种移到长江流域生长，则它们仍然少蜕 1 次壳即达性成熟。

(5) 及时了解河蟹的生长发育（蜕壳）阶段，以加强饲养管理的针对性，根据蜕壳次数，投喂相应的配合饲料和技术管理措施。现将 2 龄河蟹（养成阶段）每次蜕壳的形态特征介绍如下。

① 雄蟹判别　主要观察螯足趾节（末节）腹面绒毛多少和分布区域。雄性蟹种其螯足趾节腹面无绒毛；蜕壳后，其绒毛由内侧生出，逐渐向外侧生长，然后内外侧绒毛愈合，并逐渐向背面发

展，并与背面绒毛连成一体（表1-6）。

② 雌蟹判别 主要观察脐的形状和大小。雌性蟹种脐部宽度小，仅覆盖一小部分胸节；蜕壳后，其宽度与长度逐步扩大，最后覆盖整个胸节。生长上可测定蟹脐倒数第三节的宽度与左右胸节宽度（第二步足与第三步足交界处）之比的差别（表1-6）。

表1-6 成蟹阶段不同蜕壳次数的形态特征（长江流域）

蜕壳次数	雄 蟹		雌 蟹
	螯足趾节腹面绒毛形态	俗 称	脐部倒数第三节宽度与胸节宽度比例
蟹种（扣蟹）	螯足趾节腹面无绒毛	没胡子	1∶1.8
第一次蜕壳	趾节腹面内侧具一小撮绒毛	"仁丹胡子"	1∶1.5
第二次蜕壳	趾节腹面内外侧各具一小撮绒毛	"小胡子"	1∶1.4
第三次蜕壳	趾节腹面内外侧绒毛融合，但与背面绒毛不联合	"中胡子"	1∶1.3
第四次蜕壳	趾节腹面绒毛与背面绒毛融合，但在螯部呈"V"字形	"大胡子"	1∶1.1
第五次蜕壳	趾节绒毛长而密，背腹面绒毛全部联合	"络腮胡子"	1∶1

3. 河蟹安全度蜕壳期注意事项

河蟹的增大、增重、断肢再生都是在蜕壳后实现的。每次蜕壳（最初1小时左右完全丧失抵御敌害和不良环境的能力）都是河蟹生存的难关。要使河蟹安度蜕壳关，人工养殖必须抓好以下三点。

（1）适时调整饵料组成。每次蜕壳前1周，应将人工饲料中的动物性饵料比例提高到50%左右，在人工配合饲料中添加一定比例的磷酸二氢钙和蜕壳素，以满足河蟹蜕壳的营养需要，促进河蟹顺利蜕壳。

（2）创造适宜的蜕壳场所。河蟹蜕壳时要求浅水（水深10~20厘米）、弱光、水质清新。养殖过程中，当发现有少数河蟹开始蜕壳时，每亩水深1米用生石灰10~15千克和一定量的磷酸二氢钾兑水全池泼洒，既能净化水质，又能增加水中钙、磷含量。

（3）在河蟹蜕壳的浅水区准备足量的新鲜水草（最好人工移植或种植），以利河蟹蜕壳时附着、隐蔽、无外界干扰，避免河蟹蜕壳不遂而死亡。除蟹池选址时要避开嘈杂地段外，蜕壳期要保持水位稳定（一般不换水），投饵位点应避开浅水蜕壳区。如发现软壳蟹，可将其放在水盆中暂养数小时，待蟹壳变硬、能自由爬行后，再放回原地。

第二章

河蟹养殖的环境条件

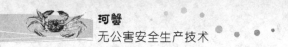

河蟹营底栖生活，穴居有时要上岸活动，并且喜欢安静、清洁、溶解氧充足、水草丰富的环境。

第一节
养殖基地选址

一、选址要求

河蟹养殖基地适合在我国绝大部分地区建设，水源充足、气候温暖的地方更加适宜。养殖基地周边 3 千米以内无化工厂、矿厂等污染源，距高速公路等干线公路 1 千米以上，靠近水源，用电方便，交通便利，能防洪防涝，地势相对平坦。可按照自己的投资规模和场地许可确定适当的养殖面积，一般小型养殖基地建设规模在100 亩以内，中型养殖基地在 100～1000 亩，大型养殖基地在 1000 亩以上。养殖场地的环境应符合 NY/T 5361—2016 的要求。

河蟹养殖池塘以东西长、南北窄的长方形为宜，长宽比为 2∶1 或 4∶1。蟹池面积无具体要求，但为了便于管理，一般以 10～30 亩的面积为佳。

二、水源环境要求

1. 水质要求

水是养殖河蟹的首要条件，水质的好坏会直接影响河蟹的生长发育，决定了养殖的成功与否。一般的江河、湖泊、湿地、水库、山泉、地下水及沟渠水等均可用作为河蟹养殖用水，以江河、湖泊、湿地、水库作为水源为好。要根据当地的水文、气象资料，选择养殖水源水量充沛、旱季能储水抗旱、雨季能防洪抗涝的养殖池开展养殖。杜绝使用工农业污水、情况不明的生活废水进行养殖。在建池养蟹前要详细考察水源质量，必须从物理、生物、化学三个方面来考虑，无公害水产品养殖用水水源必须符合国家渔业水质标准 GB 11607 的要求。以水质清新、溶解氧充足、水草资源丰富的环境为最佳。池塘养殖用水要按 NY 5051—2001《无公害食品淡水养殖用水水质》执行。有害物质限量见表 2-1。

表 2-1　淡水养殖用水水质要求

序号	项目	标准值
1	色、臭、味	不得使养殖水产品带有异味、异臭和异色
2	总大肠菌群/(个/升)	≤5000
3	汞/(毫克/升)	≤0.0005
4	镉/(毫克/升)	≤0.005
5	铅/(毫克/升)	≤0.05
6	铬/(毫克/升)	≤0.1
7	铜/(毫克/升)	≤0.01
8	锌/(毫克/升)	≤0.1
9	砷/(毫克/升)	≤0.05
10	氟化物/(毫克/升)	≤1
11	石油类/(毫克/升)	≤0.05
12	挥发性酚/(毫克/升)	≤0.005
13	甲基对硫磷/(毫克/升)	≤0.0005
14	马拉硫磷/(毫克/升)	≤0.005
15	乐果/(毫克/升)	≤0.1
16	六六六(丙体)/(毫克/升)	≤0.002
17	DDT/(毫克/升)	≤0.001

2. 水质审定

对水源的水质审定要慎重，不能草率从事，野外的初步观测以有天然鱼类生长为原则，准确判断水质，应取水样送实验室测定各种指标。检验标准如表 2-1。

（1）水的酸碱度　pH 值为 6.0～9.0，以中性或微碱性为好。

（2）溶解氧　是鱼类生存、生长的必要条件，溶解氧的含量在 4 毫克/升以上。

（3）二氧化碳　适宜的含量在 20～30 毫克/升。

（4）沼气和硫化氢　是危害鱼类生长的气体，在缺氧的条件下产生，一般在水中不允许存在。

（5）化学物质　油类、硫化物、氰化物、酚类、农药及各类重金属对鱼类的生长都有很大的危害，能造成大量鱼类死亡，应严格控制在一定的范围内（参考我国渔业水域水质标准），超过一定标准的，该水源的水不能使用。

三、土质要求

土质直接影响到养蟹池的保水和保肥性能，因此在建设时对土质有一定要求。下面介绍几种常见土壤的分类和性质，供选择场址时参考。

黏质土壤保水性能好，不易漏水，水中的营养物质不易渗漏损失，有利于水体生物的生长、繁殖。但黏质土壤的池塘容易板结，透气性不足，养殖废物的降解速度较慢。沙质土壤透气性好，但容易渗水，保水性能较差，常出现池壁崩塌现象，池塘保肥效果较差，池水容易清瘦，池塘生物量较少。池土以保水、保肥、通气性良好、有机质容易分解的土质最佳。因此最适合建设蟹池的土质是壤土，其次是黏土，沙土最差。

土壤土质最简单的检测方法为抓一把挖出的新土，用力捏紧后摔向地面，着地后能大部分散开的是壤土；成团存在基本不能散开的是黏土；完全散开，几乎不成团的为沙土。壤土直接建池即可使用，而黏土和沙土均不宜直接建池使用，需要进行改造方能用于养殖。

综上所述，影响河蟹养殖基地建设的因素很多，在一个地方全部满足所有因素的要求是比较困难的。实际上大部分地方往往具备了一些因素而不具备另外一些因素，因此只要建场的主要条件（如水源、水质、土质）基本符合要求，其他条件可以适当放宽或加以改造，以适应建场的需要。

第二节
蟹池建设

一、蟹种培育池

蟹种培育池常见的为水泥池、土池、网箱培育池三种。

1. 水泥池

建池地点要求底质较硬、水质良好、水源充足、排注水方便。形状以圆形和椭圆形为宜。池的面积以 20～30 米^2 为宜。采用一端进水、一端排水，或者采用上面淋水、下面溢水的方式排注水。有条件的地方，可在池上建简易棚，防止雨水的冲击。

2. 土池

选址要求与水泥池相似，且要求池的地底平坦，淤泥较少，池埂不漏水，有完善的防逃设施。面积 3 亩左右，埂顶部的宽度在 1 米以上，坡比在 1∶2 以上。

3. 网箱培育池

要求网箱用聚乙烯网布缝制而成，对网箱的规格一般无严格的要求，可根据实际养殖情况定制。网目一般选择 0.5～1.5 毫米，以确保蟹苗不能逃逸。

二、成蟹养殖池

1. 环沟型养殖池塘

四周挖沟筑堤，中间开沟的蟹池（图 2-1）。环绕池塘一周，有防逃网栏，网栏大多采用 40～80 目的聚乙烯网或厚质塑料片或石棉瓦等材料，用木桩固定，木桩土下埋置深度约30厘米，木桩土上高度控制在50厘米左右。

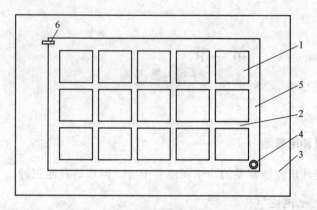

图 2-1　环沟型河蟹养殖池塘正面图
1—中央平台；2—中央沟；3—池边斜坡；4—出水管；5—大环沟；6—进水管

池的面积一般为10亩以上，边沟开挖的宽度为4～6米、深度在0.8～1.3米，形成环绕池塘四周的大环沟。池塘中央为中央平台，平台距离池底80厘米高，平台上有宽1～2米、深0.4～0.6米的纵横沟槽和池塘四周的大环沟相通。沟内深水区面积占1/3，沟上浅水区面积占2/3，以利于水草的生长和河蟹的活动、摄食以及栖息分布。进水口和出水口分别在池塘对角，进水口处用40目网做成的过滤袋过滤大型生物。出水口处用直径为110毫米的排水管通到池外排水沟，池塘内侧的排水管口用漏水网罩罩住，排水管外侧用弯头向上，插上一根控水管用于控制水位，控水管可以用各种长度的水管来控制池内不同深度的水位。

2. 平底型养殖池塘

池中间为深水区，四周为浅水区的蟹池（图2-2）。池的面积以5～20亩为宜，开挖池内部的土壤，沿四周筑埂，池塘的坡比在1∶(2～3)，池埂宽1.5～2米，池底平整。中间深水区面积约占总面积的2/3，池深1.5～2米，四周浅水区面积约占1/3。池塘四周采用相同的材料建成防逃网栏，同时要完善相应的进排水口，在进水口加装过滤网，防止敌害生物入池。

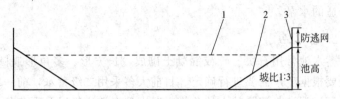

图 2-2　平底型河蟹养殖池塘示意图

1—水面；2—池坡；3—防逃网

第三节

养殖准备

一、进水系统

池塘的进水一般分为两种类型：一种是直接进水，通过水位差或用水泵直接向池塘内加水的进水方式称为直接进水，一般适合在池塘接近水源且水源条件较好的情况。采用这种方式进水，要在进水口设置相应的拦网设施，防止敌害生物的进入。另一种是间接进水，采用水泵将水引入蓄水池，经过蓄水池的沉淀、过滤、曝气、增氧或消毒后再进入池塘。采用这种方式进水的水质相对较好，溶解氧充足，野杂鱼以及其他有害生物基本除净，且病原大大减少。因此，这种进水方式在蟹苗繁育中应用较广。

1. 水泵

生产上常用的水泵有潜水泵、离心泵和混流水泵三种类型。潜水泵的体积小，重量轻，安装搬动方便，加上该水泵的机型较多，目前生产上最为常用。离心泵的水泵扬程高，一般达 10 米以上，而混流泵扬程一般在 5 米以内，但相同功率出水量比离心泵大。相对于潜水泵来说，离心泵和混流泵的安装和搬运较困难，通常要将其固定在一定的位置。当然，养殖户在选择时要根据实际情况选择最合适的水泵。

2. 蓄水池

蓄水池常用石块、砖或混凝土砌成，长方形、多角形或圆形，容积要根据生产需要进行确定。目前大多采用二级蓄水，前一级主要是沉淀泥沙与清除较大的杂物，对大型浮游生物以及野杂鱼类等进行粗过滤，过滤用筛绢网目为20目左右。二级蓄水池主要是增氧和对小型浮游动物进行再过滤，过滤网目一般为40目左右。

池塘的进水渠分明沟和暗管两种类型。明沟多采用水泥槽、水泥管，也可采用水泥板或石板护坡结构。暗管多采用PVC管或水泥管。

二、排水系统

池塘排水是池塘清整、池水交换和收获捕捞等过程中必须进行的工作。如果池塘所在地地势较高，可以在池底最深处设排水口，将池水经过排水管进入排水沟进而直接排入外河。排水管通常采用PVC管和水泥管。排水口要用网片扎紧，以防虾类逃逸。排水管通入排水沟。排水沟一般为梯形或方形，沟宽为1～2米。排水沟底应低于池塘底部。如池塘地势较低，没有自流排水能力，生产上可用潜水泵进行排水。

为了防止夏天雨季冲毁堤埂，可以在适当的位置开设一个溢水口。在排水管和溢水口处都要采用双层密网过滤，防止河蟹趁机逃走。要定期对排水系统进行检查，以防排水系统堵塞或破损而影响正常的排水。

三、增氧系统

养殖水体中的溶解氧水平与养殖的水生动物的生存、生活和生长密切相关，直接关系到养殖的成败与养殖效益的高低。当水体中溶解氧低于一定水平时，需要通过机械或化学等方法来补充养殖水平中的溶解氧含量，一般情况下使用增氧设备装置来提高养殖水体的溶解氧水平。

增氧机械装置是通过能量的转化，促进养殖水体对流交换速度，将空气中的"氧"迅速溶入到养殖水体中，从而提高水体溶解氧含量，进一步改善水质条件，提高养殖对象的活力和放养密度，提高单位养殖面积产量，达到养殖增收、增效节能的目的。因此，增氧机械设备装置是发展河蟹无公害生产的重要装备之一。

目前，在水产养殖生产中常用的增氧机有叶轮式增氧机、水车式增氧机、射流式增氧机、喷水式增氧机和底部微孔曝气增氧装置5大类型。

1. 传统的增氧方式

传统的增氧机械装置一般是通过安装在水面上、下的叶轮转动，对水体进行剧烈搅动、提升，产生水跃和负压吸气等联合作用，增加和更新水与空气的接触面，使空气中的氧转移到水体中。如叶轮式、水车式、射流式、螺旋桨式增氧机，这些设备的增氧能力有限，具有底层增氧量低、增氧不均匀、能耗大、噪声大等缺点，特别是对底层水质改善效果不明显。

养殖户在选择增氧机时，要参考设备的相关参数，安装匹配的增氧机。增氧能力和负荷面积可参照表2-2的有关参数进行选用。

表2-2　叶轮式增氧机的增氧能力与负荷面积

型号	电机功率/千瓦	增氧能力/(千克/小时)	负荷面积/亩
ZY3 G	3	≥4.5	7～12
ZY1.5 G	1.5	≥2.3	4～7
ZY0.75 G	0.75	≥1.2	0.5～3
YL-3.0	3	≥4.5	7～12
YL-2.2	2.2	≥3.4	4～9
YL-1.5	1.5	≥2.3	4～6

2. 新兴的增氧方式

池塘微孔曝气增氧技术是近几年水产养殖新兴起的一种新型水

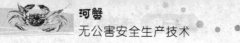

体立体曝气增氧技术。微孔曝气增氧技术改变了传统的增氧方式，变一点增氧为全面增氧、上层增氧为底层增氧、动态增氧为静态增氧，以优化养殖塘口的生态环境。

河蟹是底栖动物，如何有效增加养殖池塘底层的溶解氧，对改善养殖池塘生态环境，促进养殖河蟹的蜕壳、生长尤其重要。微孔增氧技术在特种养殖或水层较深的情况下，对池塘中底部的下层水体溶解氧增氧效果明显，使水体中的溶解氧和养分在整个水体中能够充分均匀地分布，有效地解决高密度、工厂化、集约化水产养殖中池内水体增氧不均匀、不充分的难题。微孔曝气增氧技术在河蟹养殖中的使用，使河蟹池塘养殖产量、规格、品质取得突破性进展。

微孔增氧技术正逐渐地被大多数水产养殖户所接受，近些年来以微孔曝气为主要方式的底充式增氧，逐渐成为国内池塘养殖尤其是河蟹养殖中推广使用的主要增氧方式之一。

(1) 微孔曝气增氧技术优点　微孔曝气增氧是利用三叶罗茨鼓风机将空气经加压后通过管道送入池塘中的微孔曝气管（器），通过微孔曝气管（器）将空气分散成微小气泡，释放到水体中，使气泡中的氧通过与水的接触转移到水中，以提高水体溶解氧含量。其主要特点如下。

① 超微细孔曝气管产生的微气泡直径在 0.1 毫米以下，微气泡上浮速度低，接触水体时间长，氧气传递效率高，增氧效果好，能实现整个池塘均匀增氧 [图 2-3(a)]，增氧效果好。

② 利用底层增氧管对水体充氧，不会把水体搅浑，不会伤及虾苗、蟹苗，养殖对象的成活率提高。

③ 底部微孔曝气增氧技术对池塘水深没有要求，而叶轮式增氧机一般要求水深在 2 米以上。微孔曝气增氧技术每亩配置功率比一般增氧设备低，更加节省能耗。

④ 设备配套成本较低，该系统的主要设备——鼓风机设置在陆地，维护容易，使用寿命长，投资成本相对较低。

⑤ 安全性好，底部微孔曝气增氧装置主机设在陆地，降低了

安全隐患，同时增氧管设在池塘底部，减少了自然灾害对增氧系统的袭击，确保了恶劣天气下养殖品种的正常生活。

（2）微孔曝气增氧结构　微孔曝气增氧设备由主机、主管道和充气管道等部分组成，有固定式、浮动式，有条状形、盘形等。

①主机　一般选择三叶罗茨鼓风机，它具有寿命长、送风压力高、稳定性好、运行可靠等特点。功率的大小依水面面积而定。一般一台3千瓦的主机可以供应15～20亩的池塘，一台5.5千瓦的主机可供应30～40亩的池塘。

②主管道　有两种选择：一种是镀锌管；另一种是PVC管。多数养殖户采用镀锌管和PVC管交替使用，这样既安全，又能节省成本。

③充气管道　主要有三种，分别是PVC管、铝塑管和微孔气管，其中以PVC管和微孔管为主。

（3）微孔曝气增氧管道安装

①鼓风机出气口处安装储气包或排气阀，充气可采用集中供气或分池充气的方法，单池或多池并联的形式。

②主管道埋于池埂泥土中，主管道与充气管有阀门控制，便于调节气量。

③充气管安装，在池塘中安装高度尽可能保持一致，微孔管离池底10厘米，用竹竿或木桩固定。水深1.5米以上精养塘每亩需40～70米长的微孔管。

（4）微孔曝气增氧设备安装方式

①长条式　长条式增氧系统是用较长（一般是5～50米）的微孔增氧管布设在池塘底层，固定并连接到输气的塑料软支管上，支管再连接主管。

②圆盘式　圆盘曝气器［图2-3(b)］，其制作方法是用金属或塑料先制成圆形框架，圆盘直径1～1.5米，微孔管长一般是15～30米，把微孔管盘绕固定在框架内，进气管口留在圆盘中间，与支管连接进气，终端口封死，用支架和绳子安放底层水中。

③点式　实为微型圆盘曝气器，其圆盘直径为20～30厘米。

图 2-3　微孔曝气效果

（5）微孔曝气增氧使用过程中的注意事项

① 微孔管曝气器不能露在水面上，也不能靠近底泥。

② 要正确调整系统供气压力，确保最佳增氧效果，气泡以细密、数量多为佳，目测水面溢出气泡直径应小于 1 毫米为佳。

③ 通气总管、支管和阀门布置位置需合理，不要影响夜间巡塘人员的行走安全。

④ 定时采用水质分析仪检测水质（如溶解氧状况），并做好记录，以便采取相应措施。

⑤ 要勤巡塘检查，如发现增氧设施运转有故障或损坏，应立即报修。

⑥ 停机较长时间，如果再开机时发现压力表异常，应检查微孔增氧管是否因藻类附着过多而堵塞，可将曝气管（盘）捞起暴晒一天，拍打抖落附着物，或用 20% 的洗衣粉浸泡 1 小时后清洗干净，晾干再用，以确保曝气管能正常运行。

⑦ 当机器长时间运行，须进行观察和维护，以避免造成不必要的损失。

四、投饵系统

投饵喂料是河蟹养殖中任务繁重而又关键的一项工作，饲料成本占到整个投资成本的 50% 以上，投饵喂料技术是否合理，是影响水产养殖效果和环境生态效益的一个最重要的因素。

由于河蟹不能进行大范围运动，只能在附近区域觅食，因此，投饲时，饵料要均匀投放在整个池塘水面，饵料密度过大，往往会造成饲料的局部浪费，同时残余饲料也会恶化养殖水域环境；而饵料密度过小，会影响到河蟹的摄食量，容易造成河蟹因抢食、争斗而受伤，继而引发疾病，导致河蟹死亡。

1. 投饵方式

目前，我国河蟹养殖投饵喂料常用的方式分为以下 3 种。

（1）人工投喂　采用人工撑船进行投饵喂料，一人撑船，一人投饵，工作人员将饵料以扇形一把一把地撒入水中，能清楚地看到河蟹的摄食情况，灵活掌握投喂量，投喂全凭工作人员的经验进行，方法简便，使用灵活，节约能源。

（2）机械投喂　采用投饵机进行投饵喂料，这种方式的优势是可以通过人工操作定时定量投饵，能够节约劳动力，但其缺点是往往只能固定在同一地点进行投饵，饵料分布在岸边很小的水域内，其他水域尤其是养殖的中间水域无法覆盖，不能保证投饵的均匀度。

（3）动态投喂　通过小型船载投饵机喂料，将投饵机安装在船上，通过船载投饵机进行移动投喂，使得饵料投喂覆盖面更为广泛，同时机械化操作也相对节约劳力。也可采用塑料编织袋或密眼网片制成投喂食台，便于日常饵料的投放与残余饲料的及时清理。

2. 投喂要求

要求定点投喂，主要在岸边和浅水处多点均匀投喂。科学投喂应注意以下几点：动植物性饵料要搭配合理，一般动物性饵料占 60%，植物性饵料占 40%。春秋季节一般以动物性饵料投喂为主，植物性饵料为辅；夏季则以植物性饵料为主，即遵循"两头精、中间青"的原则。河蟹有昼伏夜出的生活习性，饵料投喂要以傍晚或夜间为主、白天的投喂为辅，一般傍晚或夜间的投饵量应占全天饵料量的 70% 左右。熟食投喂为佳，投喂的各种原料要进行充分浸泡、煮熟，熟食投喂有利于河蟹的消化吸收。如实施鱼蟹混养模式的，应先喂鱼，后喂蟹，鱼料投入深水区，蟹料投入浅水区，以防鱼蟹争食。

在投喂过程中，应定期添加适量的蜕壳素，一方面可促进河蟹在生长期内多蜕壳，从而增大上市河蟹的规格，提高养殖的经济效益；另一方面也可促进河蟹的同步蜕壳，减少因蜕壳不同步而造成的互相残杀，提高成活率。投喂的饵料要新鲜、适口，不能投喂霉变腐烂的饵料，投喂后要及时清除多余的残留饵料，以免污染养殖水体的水质。平时可定期用 3% 食盐水浸泡饲料，每次 30～40 分钟，消毒杀菌。河蟹易发病的季节，可在饲料中添加适量的鳃病灵、板蓝根、土霉素等药物，防止河蟹烂鳃病、烂肢病、腐壳病等疾病的发生。

五、水草种植

河蟹喜欢在水草丰富、水质清新的水环境中生活，水草的多少、品种的优劣，对养殖成功与否至关重要。

1. 水草在河蟹养殖中的作用

（1）水草是河蟹喜食的天然饵料　种植的水草是河蟹的重要营养来源。大部分的水草营养丰富，含有河蟹必需的营养物质（如蛋白质、脂肪、纤维素、维生素、矿物质等）。丰富的水草资源，为河蟹提供了优质的植物性饵料，能够促进消化与吸收。

（2）水草能够净化水质　水草能起到稳定水质、改良底质的作用。水草通过光合作用，产生氧气，增加水体的溶解氧含量，促进河蟹的生长。此外，水草能充分吸收和降解水体中养殖动物代谢产生的各种有毒有害物质（如氨氮、硫化物、总磷和有机物等），改善河蟹生活环境，提高河蟹的抗病能力，减少养殖病害的发生。

（3）水草为河蟹栖息、隐蔽、蜕壳提供场所　河蟹喜欢爬上水草栖息，白天在水草上栖息或摄食，机体易受阳光照射，有利于钙质的吸收，促进甲壳的生长，同时可减少体表寄生虫的危害。在炎热的夏秋季节水温过高时，又能够借助水草隐蔽，以达到遮阳纳凉的作用。更重要的是，水草可供河蟹蜕壳时攀援附着，帮助缩短蜕壳的时间，蜕壳后的软壳蟹又可以在水草中藏身，使其同类及天敌不易发觉，从而降低了被残食的可能性，提高了软壳蟹的成活率。

2. 河蟹养殖池塘中栽培的水草品种

目前适宜在河蟹养殖池塘中栽培的水草品种较多，主要栽种的品种有伊乐藻、轮叶黑藻、苦草、金鱼藻、菹草、水花生等。每一种水草都有其适宜的生长和繁殖条件，因此，各种水草的移栽和管理也有不同的要求，同时各种水草在养蟹池塘中所起的作用也不尽相同。为此，河蟹养殖池塘种植的水草要求品种间进行合理科学的搭配，以最大限度地发挥水草在河蟹养殖池塘中的生态作用。

栽植水草的基本要求是：分布要均匀，品种要搭配，比例要适当，以适应河蟹的生长、繁殖、栖息的需求。水草种植一般以沉水植物为主，适当搭配种植挺水性水草和浮水性水草。

（1）伊乐藻 伊乐藻是一种优质、高产、速生的沉水性水生维管束植物。生长适宜温度范围为5～25℃，水温超过30℃时完全停止生长甚至死亡，适宜在冬、春季及晚秋季节生长繁殖。一般在早春季节进行移栽，移栽时怕干。伊乐藻草茎运输时怕冻。因此，运输伊乐藻草茎应该选择气温0℃以上进行。栽种时，要带水栽种，草茎栽种于水面以下10厘米处为宜。草茎栽种后1周左右的时间，藻体会开始生长，此时应向池水施放适量肥料。之后要定期进行追肥，以保证藻体生长繁殖对营养的需求。

栽后管理措施如下。

① 调节水位 由于伊乐藻怕高温，因此生产上可按"春浅、夏满、秋适中"的方法进行水位调节。

② 适当施无机肥料 伊乐藻喜底泥肥的池塘，故生长旺季（4～9月）应及时追施尿素。

③ 防烂草 在高温期间，应将伊乐藻草头割掉，根部以上仅留10厘米即可，以防水草腐烂，败坏水质。伊乐藻在微流水或水质较好的水体高温下仍可生长。

伊乐藻对杀青苔的药物往往敏感。蟹种放养初期，有的养蟹池塘容易长出青苔，在使用硫酸铜或其他重金属盐类杀青苔时，对伊乐藻生长和繁殖有影响，浓度高时，全池的伊乐藻往往被全部杀死，但经过一段时间后，一部分伊乐藻可以重新萌发生长。

伊乐藻是春季养蟹池塘的最优质水草，能够提高刚放养蟹种的成活率，同时对河蟹的早期生长速度有较大的促进作用。生长旺盛的伊乐藻能够增强池塘水质的溶解氧含量，能吸收养蟹池塘水体的各种有毒有害物质，因此其改善水质的作用也较为明显。生长密度适宜时，对河蟹的栖息和蜕壳隐蔽提供良好的环境。

其缺点是大量繁殖时，往往造成池塘上下层水体交换不畅，水草根部的底泥往往缺氧、发黑变臭，影响河蟹的栖息。此外，在高温季节，伊乐藻会因水温过高而大量死亡，因此养殖的过程中，最好在高温季节来临之前，适当提高水位，也可将适量的伊乐藻捞出养蟹池塘，以免大量藻体死亡后分解败坏池塘水质。

（2）轮叶黑藻　俗称温丝草、灯笼薇、转转薇等，是多年生沉水植物。因每一枝节均能生根，又称为"节节草"。轮叶黑藻喜高温，适应性强，种植产量高，遮阴面大，适合池塘及大水面种植和移植。栽培方法包括枝尖插植繁殖、营养体移栽繁殖、芽苞的种植。

①枝尖插植繁殖　轮叶黑藻属于"假根类"植物，只有须状不定根。在每年的 3～8 月，轮叶黑藻处于营养生长期间，枝尖插植 3 天后就能生根，形成新的植株。当天然水域中的轮叶黑藻已长成，长达 40～60 厘米，就可捞起移栽。一般每亩蟹池一次放草100～200 千克，其中一部分被蟹直接摄食，一部分着泥生须根存活。水质管理方面，白天水深，晚间水浅，减少河蟹食草量，促进须根生成。

②营养体移栽繁殖　一般在谷雨前后将池塘水排干留底泥10～15 厘米，将轮叶黑藻切成长为 8 厘米左右的断节栽插，栽插后再将池塘水加至 10 厘米深左右。一般约 20 天后全池都覆盖着新生的轮叶黑藻，此时，应将池水加至 30 厘米，之后可逐步加深池水，不使水草露出水面。移植初期应保持水质清新，不能干水，不

宜使用化肥。如有青苔滋生，可使用"杀青苔"药物杀灭。

③ 芽苞的种植　每年的 12 月至翌年 3 月是轮叶黑藻芽苞的播种期，应选择晴天播种，播种前向池中加注新水 10 厘米深。每亩用种 500～1000 克，播种时应按行、株距 50 厘米芽苞 3～5 粒插入泥中，或者拌泥沙撒播。当水温升至 15℃时，5～10 天开始发芽，出苗率可达 95%。注意事项：芽苞的选择，芽苞长 1～1.2 厘米，直径 0.4～0.5 厘米，每 500 克 3500～4000 粒，芽苞粒硬饱满，呈葱绿色。播种前应用聚乙烯网片或白膜围栏，将芽苞与河蟹隔开，待芽苞萌发长成，水草满塘时，撤掉围栏设施，让河蟹进入草丛。

与其他水草相比，轮叶黑藻具有耐高温、不污染蟹池水质、断株再生能力强、不易折断、即使被蟹夹断也极易生根存活、河蟹喜食且适口性好等优点。

（3）苦草　苦草又名水韭菜，沉水草本，具匍匐茎。主要以草种播种的方式进行栽种的水草，播种期在 4 月底至 5 月上旬。当水温回升至 15℃ 以上时播种，每亩（实际种植面积）播种苦草籽 100～150 克。精养池塘直接种在田面上，播种前向池中加新水 3～5 厘米深，最深不超过 20 厘米。大水面应种在浅滩处，水深不超过 1 米，以确保苦草能进行充分的光合作用。选择晴天晒种 1～2 天，然后浸种 12 小时，捞出后搓出果实内的种子，并清洗掉种子上的黏液，再用半干半湿的细土或细沙拌种全池撒播。搓揉后的果实其中还有很多种子未搓出，也撒入池中。

栽后管理如下。

① 水位调节　苦草在水底分布蔓延的速度很快。为促进苦草分蘖，抑制叶片营养生长，6 月中旬以前池塘水深应控制在 20 厘米以下。6 月下旬水深加至 30 厘米左右，此时苦草已基本满塘。7 月中旬水深加至 60～80 厘米。8 月初水深可加至 100～120 厘米。

② 加强饲料投喂　当正常水温达到 10℃ 以上时就要开始投喂一些配合饲料或动物性饲料，以防止苦草芽遭到破坏。当高温期到来时，在饲料投喂方面不能直接改口，而是逐步减少动物性饲料的

投喂量，增加植物性饲料的投喂量，让河蟹有一个适应过程。但是高温期间也不能全部停喂动物性饲料，而是逐步将动物性饲料的比例降至日投喂量的 30% 左右。这样，既可保证河蟹的正常营养需求，也可防止水草遭到过早破坏。

③ 设置暂养围网　这种方法适合在大水面中使用。将苦草种植区用围网拦起，带水草在池底的覆盖率达到 60% 以上时，拆除围网。同时，加强饲料的投喂。

④ 勤除杂草　每天巡塘时，只要发现水面上浮有被夹断的水草，就要把它捞走，以防止腐烂，败坏水质。

苦草在养蟹池塘中种植的优点是，能够适应高温期生长，一般不会出现疯长而无法控制的现象，即使生长旺盛也不会出现水草根部底泥缺氧、发黑变臭的现象。与伊乐藻同时存在时，河蟹更喜食苦草，因此对河蟹来讲，苦草提供的饵料意义更大。

其缺点是，河蟹更加喜食苦草，尤喜食苦草的根部，当饵料不足时，或在河蟹生病时，或在池塘中有一部分小龙虾存在时，由于苦草根部被小龙虾或河蟹摄食，或由于河蟹生病烦躁不安爬行时的拖带作用，苦草大量浮出水面，增加了打捞水草的工作量。

（4）金鱼藻　多年生草本的沉水性水生植物，别名细草、鱼草，全株深绿色，长 20~40 厘米，群生于淡水池塘、水沟中。喜温植物，不能越冬生长。金鱼藻有较强的分枝能力，在任何生长高度上均能产生分枝。虽然它能结实，但在自然状况下（尤其是在高密度的植物群落中）结实率很低。

金鱼藻的栽培大致有以下几种方法。

① 在每年 10 月以后，待成蟹基本捕捞结束，可从湖泊或和沟中捞出全草进行移栽。这个时候进行移栽，因无河蟹的破坏，一般不需要进行专门的保护。用草量一般每亩 50~100 千克。

② 每年 5 月以后可捞新长的金鱼藻全草进行移栽。这个时候移栽要用围网隔开，防止水草随风飘走或被河蟹破坏。围网面积一般在 10~20 米² /个，每亩 2~4 个，用草量 100~200 千克。待水

草落泥成活后可拆走围网。

③ 在河沟的一角设立水草培育区,专门培育金鱼藻。培育区内不放养任何草食性鱼类和河蟹。10 月进行移栽,到翌年 4～5 月就可获得大量水草。每亩用草量 50～100 千克,每年可收获鲜草 5000 千克左右,可供 1.67～3.4 公顷水面用草。

栽后管理如下。

① 水位调节 金鱼藻一般栽在深水与浅水交汇处,水深不超过 2 米,最好控制在 1.5 米左右。

② 水质调节 水清是水草生长的重要条件。水体混浊,不宜水草生长,建议先用生石灰调节,将水调清,然后种草。发现水草上附着泥土等杂物,应用船从水草区划过,并用桨轻轻将水草的污物拨洗干净。

③ 除杂草 当水体中(特别是沟塘中)滋生有大量的水花生、菹草时,应及时将它们清除,以防影响金鱼藻等水草的生长。

在养蟹池塘通过栽种草茎方式移栽金鱼藻,繁殖生长速度较伊乐藻、轮叶黑藻等水草慢很多,但是金鱼藻的适温范围广,据观察养殖河蟹很少摄食。因此在春天时,金鱼藻与伊乐藻一起栽种,通过慢慢地繁殖生长,到 8 月中下旬时,当伊乐藻因高温死亡,苦草被河蟹摄食大量浮出水面后,金鱼藻正好繁殖生长到一定的密度,是养蟹池塘后期的主要水草。金鱼藻在河蟹成蟹养殖池塘中的生态作用不及伊乐藻和苦草,但较水花生优势明显。

(5)水花生 水花生又名喜旱莲子草,是从国外入侵我国的挺水性水生维管束植物。茎长可达 1.5～2.5 米,基部在水中匍生蔓延,在我国的长江流域水沟、水塘、湖泊均有野生。适应性强,喜湿耐寒,能够自然越冬。

生产实践表明,在河蟹蟹种养殖池塘栽种水花生,较栽种上述几种水草更有利于蟹种生长、栖息。蟹种池中的水花生对池塘水质的增氧作用较弱,甚至无增氧作用,但其生长能大量吸收水体中的植物生长营养元素,因此对池塘水体有较好的净化作用。水花生生长繁茂时,水面以下的茎盘根错节,是河蟹蟹种栖息和蜕壳隐蔽的较好场所，生长繁茂的水花生还有良好的遮阴作用，对高温时期降低池塘的水温有较好的效果。另外，水面以下的节生须根也是河蟹蟹种的优良植物性鲜活饵料。

3. 水草栽植

（1）种草前期的准备工作　经过上一年的养殖，底泥中沉积了大量的有机物和细菌病原体。冬季干塘后，翻动底泥晒塘时间要长，这样有利于底泥中有机物的分解，转化为水草可以吸收的肥料，同时杀死细菌病原体。

采用药物或生石灰进行清塘，清塘后要注意多换几次水，防止药物残留及水体碱性过高而导致种植的水草生长缓慢。一般新老塘口都要求施用一定量的生物有机肥；新开塘由于无底泥，土壤肥力差，可多施一些生物有机肥；老塘口应根据情况适量施入生物有机肥，有助于平衡肥力，同时可降低清塘时生石灰的碱性，有利于水草的生根发芽，提高成活率，也有利于前期的肥水工作。

（2）种草　水草分布要有疏有密，留行种植。栽插的密度应根据水草的品种而定，伊乐藻采用 3 米×3 米的行间距，轮叶黑藻和金鱼藻采用 0.5 米×0.5 米的行间距。水草栽植好后，要施肥培水，促进水草生长。科学控制池塘水位，使池水保持在一个较低的水平，以免伊乐藻生长过快。高温季节，可适当、逐步地提升水位，始终让水草保持在水面以下 20～30 厘米处。这种方法可避免水草过分生长、腐烂变质，从而影响水质。一般保持水草的覆盖率在 60% 左右，过少要及时补充移植，过多应及时清除。

六、生物饵料投放

螺蛳含有丰富的营养物质，是河蟹喜食的优质动物性饵料，在养殖河蟹的池塘中放养一定数量的活螺蛳，可以为河蟹提供适口的活性饵料，对河蟹生产具有一定的促进作用。

螺蛳可以摄食有机颗粒，滤食浮游生物并能够摄食部分丝状藻，对改善水质、提高水体透明度有明显的效果，为河蟹提供一个清新的生活环境，利于河蟹生长。

螺蛳投放时间为每年清明之前，投放量为每亩池塘投放活螺蛳150～250千克，如水体中螺蛳量少，可待6月份以后每亩补投150～200千克。这样可防止一次性投放过量而造成早期水质清瘦，池中青苔大量繁殖而破坏环境，影响河蟹正常生长。

第三章

河蟹苗种培育与放养选择

河蟹无公害生产健康养殖的关键在于种苗，由于气候、土壤、培育条件的不同，蟹种成活率、抗病性及生长都受到一定程度的影响。

第一节
蟹苗特性

一、蟹苗生物学特性

1. 孵出至大眼幼体

蟹苗个体非常弱小，从孵化出膜经过 5 次蜕壳至大眼幼体，其体重仅有 4～6 毫克。这时的蟹苗主要营浮游生活，而且其游动非常缓慢，它们喜欢集群生活，但逃避敌害生物的能力很差，很容易被敌害生物吞食。为提高蟹苗培育的成活率，在人工育苗的池塘中清除敌害非常重要。据统计，1 尾白鲢每天可吞食 34 只蟹苗，1 只蟾蜍每天可吞食 121 只蟹苗。

2. 捕食能力

蟹苗个体非常弱小，其捕食能力较低，在自然条件下主要以浮游动物（水蚤等）为食，有时也食水蚯蚓和水生植物，但在自然条件下这些食物一般不能满足需要，所以蟹苗成活率较低。在人工育苗的池塘中投喂大量适口饵料，能很好地满足蟹苗的生长需要，从而提高蟹苗的成活率。

3. 适应能力

蟹苗对外界不良环境的适应能力低，大眼幼体仍喜欢在咸淡水中生活。据试验，在相同的密度、饵料条件下，由大眼幼体培育到Ⅰ期仔蟹，在盐度为 7 的咸淡水中，其平均成活率达 72.2%；在盐度为 3 的咸淡水中，平均成活率为 49.2%；在盐度为 0 的纯淡水中，平均成活率为 30.1%。此外，温度骤变，特别是升温，容易造成大眼幼体死亡。

4. 新陈代谢

蟹苗的新陈代谢水平高，生长快，所以蟹苗的耗氧量很大。据试验测定，每克蟹苗平均耗氧量为 1.068 毫克/小时；而蟹种（8克/只）每克体重仅消耗 0.18 毫克/小时；从能量需要比较，蟹苗每千克需要 14.39 千焦/小时；而蟹种（8克/只）每千克仅需要能量 2.43 千焦/小时。通常情况下，4～6 毫克的大眼幼体经过 15～20 天的培育，就可以生长到 50 克左右，体重可以增加 10 倍以上，但在自然条件下的湖泊、江河或池塘中，由于环境的因素，蟹苗的成活率往往很低，所以人工创造一个水质良好、饵料充足、无敌害的蟹苗生长环境，促进其生长，可以大大提高蟹苗的成活率。

二、蟹苗培育阶段的过渡

将大眼幼体培育至蟹苗需要 15～20 天，这段时间中一共经过 3 次蜕壳，蟹苗的规格可以达到 16000～20000 只/千克，在这一阶段，蟹苗的生活习性也逐步过渡为幼蟹和成蟹的生活习性。

1. 盐度的过渡

蟹苗由咸淡水生活逐步转变为淡水生活。从大眼幼体培育至蟹苗这一阶段蟹苗的最适生长盐度为 7～8，其中 I 期仔蟹的最适生长盐度为 5，II 期仔蟹的最适生长盐度为 1～3，而从 III 期仔蟹开始最适生长盐度就降为 0.5 以下（淡水），所以在这一阶段要及时调控水质才能获得好的蟹苗。

2. 栖息习性的过渡

大眼幼体培育至蟹苗这一阶段蟹苗的生活习性由浮游生活逐步过渡到与幼蟹、成蟹相似的习性，逃避敌害的能力也大大增强。溞状幼体营浮游生活；大眼幼体营浮游兼爬行生活；而 I～II 期仔蟹为隐居生活；自 III 期仔蟹开始挖泥穴居。

3. 食性过渡

大眼幼体培育至蟹苗这一阶段蟹苗的食性逐步过渡到与幼蟹、成蟹的食性相似。溞状幼体以浮游动物为食；大眼幼体以食浮游动物为主，兼食水生植物；而到仔蟹阶段则从以食浮游动物为主过渡到以食植物性饵料为主的杂食性。

4. 形态过渡

大眼幼体培育至蟹苗这一阶段蟹苗的外形逐步过渡到与幼蟹、成蟹相像。溞状幼体体形呈水蚤形；大眼幼体体形呈龙虾形；而Ⅰ～Ⅱ期仔蟹外形虽像蟹形，但其壳长仍大于壳宽；至Ⅲ期仔蟹时，其壳长才小于壳宽，形态真正与幼蟹、成蟹相像。

第二节
蟹苗选择

蟹苗质量的好坏直接决定了塘口的养殖效益，在生产前选购质优的蟹苗是非常关键的一步，所以蟹苗的质量鉴别也就显得特别重要。

一、蟹苗质量鉴别

通常在生产上我们都采用"三看一抽样"的方法来鉴别蟹苗质量优劣。

1. 看蟹苗的体色是否一致

优质蟹苗鉴别的第一步就是看同一批蟹苗的体色深浅是否一致，并且体色是否呈姜黄色，稍带光泽，而劣质蟹苗的体色深浅不一，通常是由体色透明的嫩苗和体色较深的老苗混在一起，参差不齐。

2. 看蟹苗群体规格是否均匀

同一批蟹苗的大小必须整齐（一般要求 80%～90% 相同）。如果不整齐，高日龄的大眼幼体可残食低日龄的大眼幼体，尤其是在

无公害安全生产技术

饵料不足的情况下，这种现象更为严重，也易造成仔蟹和幼蟹培育过程中因龄期不齐而发生自相残杀。

3. 看蟹苗活动能力强弱

蟹苗沥干水后，用手抓一把轻轻一捏，再放入蟹苗箱内，视其活动情况。如用手抓时，手心有粗糙感，放入苗箱后，蟹苗能迅速向四周散开，则是优质苗；如手心无粗糙感，放入苗箱后，蟹苗仍成团，很少散开的为劣质苗。

4. 蟹苗的抽样检查

可以称取 1～2 克蟹苗计数，折算为每千克蟹苗只数。通常情况下，14 万～16 万只/千克为壮苗，18 万～22 万只/千克为中等程度苗，24 万只/千克以上为弱苗。每千克蟹苗数量越多（最多可达 30 万只/千克），体质越差。

二、蟹苗运输

蟹苗的运输采用"干法"运输。通常情况下选用木制蟹苗箱，规格为 50 厘米×30 厘米×60 厘米，四周各挖一窗孔（4 厘米×10 厘米），箱框底部及四周布有窗纱。每 5 只箱为一叠，上有木盖板，每箱可装苗 0.5～1 千克。一般气温 22～26℃，24 小时成活率可达 90%。干法运输蟹苗时注意事项如下。

1. 浸泡

在放入蟹苗前把蟹苗箱放在水体中浸泡 12 小时，这样可以保证运输途中蟹苗一直处在潮湿的环境。

2. 载体

浸泡好的蟹苗箱内在放蟹苗前先放入水草。在蟹苗箱内用 10 多根水花生茎撑住箱框两端，箱内放上一层绿萍。这样既可以使箱内保持一定的湿度，又能防止蟹苗在一侧堆积，保证蟹苗层的通气。

3. 运输过程

蟹苗的运输过程中要坚持宜干不宜湿的原则。在装苗前，必须预先将称重后的蟹苗放入筛绢，甩去其附肢上黏附的过多水分，然后均匀地分散在苗箱水草上。在蟹苗运输过程中出现死亡的原因多数是由于其附肢黏附过多水分，造成蟹苗支撑力减弱而导致苗层通气性不良，其底层蟹苗因缺氧而死亡。

4. 装运密度与时间

通常每只蟹苗箱装运的密度控制在 1 千克以内，而且运输时间不超过 24 小时。

5. 运输途中

蟹苗在运输途中，应尽量避免阳光直晒或迎风直吹，这样可以防止蟹苗鳃部水分蒸发而死亡。蟹苗在运输途中，如果出现蟹苗箱过分干燥，可及时用喷雾器将木箱喷湿，以保证箱内环境湿润。但通常苗体不必喷水，否则反而造成蟹苗四肢黏附过多水分，支撑力减弱导致死亡。

6. 空调车或加冰降温运输

有条件的养殖户可用空调车或加冰降温运输蟹苗，并给予适当通风。但注意气温控制在 20℃ 左右，最低气温不能低于 15℃，其气温骤变的安全范围不能超过 5℃。

第三节
池塘条件

一、池塘结构

蟹种池要选择水源充足的塘口，水源为淡水，进排水方便，周围无工业或生活污染源，周围环境要安静。池塘为长方形，东西向排列（图 3-1）。塘口的面积宜为 2～3 亩，开挖成 2 个池塘，即一级池和二级池。在一、二级池之间有一低埂相隔（埂高 0.9 米，埂

宽 1 米），其比例为 1∶7。以 3 亩为例：一级池 0.45 亩，池深 1
米，水深 0.4～0.8 米，池塘坡度 2∶1；二级池 2.55 亩，四周为
一环沟，沟宽 3 米，深 1.5 米，水深 0.8～1.2 米（可种植水蕹菜
等）。中间是面积 1 亩的台田（可种植水稻等），水深 0.05～0.15
米，台田中间可以开挖"十"字或"井"字形的蟹沟，沟宽和沟深
均为 15 厘米，池塘坡度为 2∶1。

图 3-1　微孔管道高产扣蟹池

二、防逃设施

在蟹种培育池的四周用聚乙烯网片（4 目/厘米^2）将池塘围起
（图 3-2），网底部埋入土内 10 厘米，网高 1～1.1 米，以防止青蛙、
蟾蜍、小龙虾等敌害生物爬入蟹池内。在聚乙烯网片内侧（1～2
米）用铝皮或塑料薄膜作为防逃墙，防逃墙的高为 0.5～0.6 米，
埋入土中 0.1 米，并稍向池内侧倾斜，其内侧光滑，无支撑物，防

逃墙拐角呈圆弧形，一、二级池之间的池埂用塑料薄膜作为临时防逃墙。

图 3-2　蟹种池

注意蟹种培育池的进出水口要用密网封紧扎实，因为仔蟹具有强烈的趋光性和趋流性。

第四节
水生植物栽培

一、水生植物栽培的优点

河蟹喜欢生活在水草丛中，种植水生植物不仅可以为河蟹营造遮阳、避敌、栖息、蜕壳的良好场所，提供新鲜脆嫩适口的饵料，而且能增加水体溶解氧含量，吸收池底淤泥营养，改善水质和底质。

二、水生植物种类的选择

在蟹种培育池的一级池中放养水葫芦、小浮萍（也可用水花生代替），中间用毛竹拦住，在池塘较深的一端种植沉水植物（蓖草、伊乐藻等），每平方米种 4～6 棵。在培育池的二级池中种植轮叶黑藻、金鱼藻、水花生、水葫芦、浮萍、伊乐藻和苦草等。通常在水体下层栽培轮叶黑藻、水面栽培水花生。轮叶黑藻耐高温，生长快，再生能力强，它们由池底长至水中上层，为河蟹立体利用水体创造良好条件。水花生覆盖于水面，不仅起到降低水温的作用，而且为蟹种在浅水中蜕壳提供了良好的环境。

三、水生植物培育的比例

蟹种培育一级池中的水葫芦、小浮萍等水生植物在放苗前不少于池塘水面的 1/2。蟹种培育池二级种池中种植水草覆盖率为 60％左右，这样大部分水面被水草遮阴，减少阳光的直射，降低池塘里的水温，从而降低蟹种生长的有效积温。

第五节
蟹种放养

一、蟹苗暂养

将运到的蟹苗箱放入池水中浸泡 2 分钟，提起，再放入池水中浸泡，再提起，如此反复 3 次，使蟹苗适应池塘的水温和水质，然后将蟹苗放入到网箱中，等蟹苗活动正常后投喂大量水蚤，让蟹苗吃饱；然后，将网箱没入水中，等待蟹苗自动游出。饱食下塘的蟹苗，可大大增强蟹苗机体对水质的适应能力和寻食能力。

二、放养密度

一般每亩放养 14 万～16 万只/千克的蟹苗 0.5 千克。Ⅲ期仔蟹的放养量为 6 万～12 万只/亩，具体可视池塘情况、规格大小和养殖水平而定。

三、放养方法

蟹种培育一级池中的蟹苗经过 3 次蜕壳，成为Ⅲ期仔蟹（2 万只左右/千克）时，就可扩大到蟹种培育二级池中培养。种植水稻的池塘须待水稻发棵分蘖后才能放养（如插秧需经 20 天后才能放养），拆除一、二级池中间的临时防逃墙，并开挖蟹沟，使一、二级池相通，加水后，蟹苗会自动爬入二级池。

仔蟹直接放养的塘口，下塘时温差应控制在 5℃以内，放养时要将仔蟹网袋子在池水中浸 2～3 次，经过 10～15 分钟，使仔蟹适应池内水温后，把仔蟹网袋打开放在池边水草上，让仔蟹自由爬出。若有不离开袋子的仔蟹，则不要放入池塘。

第六节
蟹种培育

河蟹养殖过程中的一个技术难点就是仔蟹培育过程的成活率低，通常情况下成活率在 30% 左右，培育经验不足的养殖户获得的成活率只有 5%～10%。所以在蟹苗培育的过程中，一定要按照蟹苗的生态习性去饲养，从而获得较高的成活率。

一、培育原则

1. 池塘环境

要为河蟹提供一个清水、浅水、水草多、无敌害、符合蟹种生产要求的池塘环境（图 3-3）。河蟹只有在浅水条件下才能蜕壳，通常情况下控制水位在 10～30 厘米，可获得较为理想的成活率。但是在浅水情况下蜕壳又易受紫外线杀伤，所以在仔蟹培育阶段必须种植或放养大量水生维管束植物作为荫蔽物和附着物，最好的是种植水葫芦，既可附着，又可荫蔽，也是河蟹良好的饵料，能提高蟹苗的成活率。

图 3-3　扣蟹池

2. 提供下塘最佳适口饵料

刚刚下塘的蟹苗最容易因缺乏鲜活、高质量的适合饵料而导致死亡。如果采用人工饵料，往往因投饵不均易散失而污染水质，而且配制全价饵料非常不容易，其适合性差，蟹苗吃食不均匀，造成蟹苗生长发育快慢不一，变态不同步，易出现自相残杀现象，影响蟹苗成活率。水蚤是小型浮游甲壳类，在池塘内分布均匀，新鲜适口，营养价值高，其游动速度慢，蟹苗容易捕食，是蟹苗下塘时的最佳适口饵料。因此，蟹苗下塘时要使池水中的水蚤达到高峰期。

3. 建立多元化的复合生态系统

池塘内只放养蟹种，其水体、饵料得不到充分利用，而且养蟹池大量投饵后水质容易变肥且混浊，若池内没有种植水生植物作为栖息和蜕壳场所，则非常不利于蟹种栖居、蜕壳和生长。在蟹种池内种植水生经济作物（如水稻田、水蕹菜、菱等）和饲养一些滤食性鱼类（如花白鲢等），可以做到蟹稻、蟹和水生蔬菜共生或蟹、鱼混养。河蟹的粪便、残饵肥水，水生植物和滤食性鱼类利用水中的营养盐类和浮游生物，不仅促进了水生植物和鱼类生长，而且使池水转清，也有利于蟹种生长。同时，水生植物既为蟹种提供新鲜适口的植物性饵料，又为蟹种提供栖居、蜕壳的良好环境，它们互利共生，形成一个水底、水中、水面结合的多元化的复合生态系统。

4. 控制蟹种生长，防止产生小绿蟹

池塘水体小、水浅以及静水环境，在高温阶段水温往往会超过30℃以上。在这种特定的条件下，易造成水温过高，幼体新陈代谢强，摄食量高，幼蟹容易因摄食过多的动物性饵料而造成营养过剩，引起性早熟。所以，在高温阶段应以植物性饵料为主，控制其生长，防止产生小绿蟹。

二、饲料投喂

1. 投喂方法

蟹种培育过程中，根据蟹种的生长规律和生态要求，可以分为3个阶段。投喂的饵料种类可以分为天然饵料（如浮游生物、水生

植物和底栖生物等)、人工饵料（如菜籽饼、豆饼和南瓜等)、配合饲料。

（1）第一阶段主要是用精料投喂时期。时间在 6 月初至 7 月初，即芒种至小暑期间。此时水温适宜、水质清新，投喂的配合饲料质量要高，饲料的粗蛋白质含量为 40%，其中动物性蛋白质占60%，日投喂量为蟹体总重的 7%～9%。在这期间经过二次蜕壳，蟹种的规格从 2 万只/千克长至 3000 只/千克左右。

（2）第二阶段是控制时期。时间在 7 月 8 日至 9 月 8 日，即小暑至白露期间。此时正值高温季节，为防止蟹性早熟，投喂以植物性饵料为主，其粗蛋白质含量为 32%，其中植物性蛋白质占80%～90%，日投喂量为蟹体总重的 5%～8%。这期间经过一次蜕壳，蟹种的规格从 3000 只/千克长至约 1000 只/千克。

（3）第三阶段是促生长时期。时间在 9 月 8 日至 12 月 8 日，即白露至大雪期间。此时水温适宜，配合饲料的粗蛋白质提高到38%，其中动物性蛋白质占 20%，日投喂量为蟹体总重的3%～5%。

2. 投喂原则

在蟹种培育投喂饵料的过程中应遵循"四定"原则，即定时、定量、定质、定位，投喂的饵料一定要控制在 2 小时之内吃完。在蟹种养殖后期，如果投喂麦粒、玉米等，必须加水浸泡涨足煮熟后才能投喂，以提高饲料的利用率。人工饵料的投喂在傍晚时分投放在浅滩处，开始投饵时饵料一半在水中，一半在岸上，以后逐步向上移动，使蟹种养成在岸上摄食的习惯。有条件的养殖户可在半夜增加一次投喂。

3. 投喂注意事项

在蟹种投喂过程中应根据气候、水质、前一天的摄食情况、病害发生情况等灵活掌握。在培育的前期，蟹种个体较小，配合饲料均用破碎料；饲养中、后期可采用粒径为 1.8～2.4 毫米的配合饲料。投饵时应将饵料均匀撒在池塘四周浅滩上。

三、蜕壳管理

在蟹种培育过程中最重要的也是决定养殖效益的事就是管理好蟹种的蜕壳。在一个池塘中，蟹种在每个阶段蜕壳时间太长，容易造成自相残杀，其成活率必然低。因此，必须采取以下四种措施，促进蟹种集中同步蜕壳。

1. 投喂

每次蜕壳来临前，增加投喂动物性饵料或投喂混有蜕壳素的配合饲料，进行新鲜流水刺激，都对蜕壳有促进作用。

2. 蜕壳区与投饵区要分开

通常情况下，投饵区选择在坐北向阳的北坡以及东坡和西坡，这个地区注意控制为浅水和水草稀少一些。蜕壳区选择在南坡，这个地区注意控制为浅水、安静、水草多。

3. 增钙

当发现个别蟹种蜕壳时，在池塘内泼洒 15 毫克/升的生石灰水，以增加水体中钙离子的含量，促进蜕壳。

4. 巡塘

每天清晨巡塘时，发现刚蜕壳的软壳蟹，可以捡入桶内暂养1～2 小时，待蟹壳稍硬并能爬动时，再将其放回池内。

四、水质管理

养好一塘水，养好一塘蟹。池塘水体是蟹种生存的环境，所以池水质量的好坏，是决定蟹能否健康生长的关键。特别是对于有些养殖密度高的塘口，池水很容易老化，致使水中溶解氧含量降低，有害物质升高。水质略差则抑制河蟹生长，使其食欲减退，身体消瘦；水质太差则易导致河蟹得病，甚至死亡。所以调节水质非常重要，应适时注水、换水，保持水质清新。

1. 保持透明度

蟹种池的水质保持透明度在 50～60 厘米。如水色呈绿色，即透明度低于 40 厘米时，则应及时调换新水，可以抽去底层水（即 1/3 水量），然后注入新水，注入的新水在增加溶解氧的同时减少了池水中的有机物含量。

2. 调节

蟹种池的水透明度高于 60 厘米时，即池水过瘦，水生植物叶子呈黄色，则应施追肥，每次每亩施尿素和磷肥各 7～10 千克。

3. 用药

蟹种池稻田一般不用农药，如必须用药，应选用高效低毒农药。在蟹种培育期间，池塘中的稻田前期水位必须保持在 5 厘米以上，后期保持 10 厘米以上。蟹池中的稻田一般不搁田。如需搁田，往往白天放水搁田，夜间加水。

4. 酸碱度

蟹种池的水体酸碱度控制 pH 值在 7.5～8.5，通常用生石灰调节，既能有效杀灭水中病菌，又能调节酸碱度，同时可以增加水体中的钙离子含量，有利于河蟹蜕壳生长。一般每月使用生石灰一次，采用化浆去渣后全池泼洒法，用生石灰 20～25 克/米^3。pH 值超过 8.5 时，应控制生石灰的使用。

五、日常管理

在蟹种的培育过程中一定要坚持做好"四查""四勤""四定"和"四防"工作。

1. 四查

查蟹种吃食情况，查水质，查生长，查防逃设备。特别是防逃设备，在大风、大雨时，应及时检查，发现问题，随时修理，保持设备完好。

2. 四勤

勤除杂，勤巡塘，勤做清洁卫生工作，勤记录。

3. 四定

投饵要定质、定量、定时、定位。

4. 四防

防敌害生物侵袭，防水质恶化，防蟹种逃逸，防偷。

六、仔蟹培育

1. 池塘清整

在3月中旬以前，排干池水，清除过多淤泥，填好漏洞和裂缝。暴晒7天后用生石灰清塘，杀灭池内敌害生物，为蟹苗培育创造一个无敌害生物的水环境。

2. 饵料生物培育

蟹苗下塘的最佳适口饵料是水蚤，为保证蟹苗一下塘就能吃到鲜活的适口饵料，提高蟹苗的成活率，就必须把池塘水体中的水蚤在下苗时培育到最高峰：在蟹苗下塘前7～10天，水温在25℃左右时，在蟹种培育一级池里用猪粪等有机肥肥水，每亩用猪粪150～300千克；或者在下苗前10～15天，用绿肥沤在一级池的四角，浸没水中，经常翻动，促其腐烂，每亩用绿肥200～400千克。

3. 水生植物准备

蟹苗的培育是在一级池中进行的，所以在一级池中提前放养水葫芦、小浮萍，中间用毛竹拦住，在池塘较深的一端种植沉水植物，每平方米种6棵。在蟹苗下塘前要做到以下几点。

① 水葫芦、小浮萍不少于一级池整个池塘水面的1/2。

② 水蚤培育至成团，但不呈现红色。

③ 水体清澈见底。

④ 无蝌蚪、青蛙、杂鱼、虾等敌害生物。

4. 合理密度放养

通常情况下每亩养蟹苗 0.5 千克，规格大、质量好的蟹苗密度可适当小一点，反之则要大一点。

5. 精养细喂

放养的第 3～5 天是蟹苗养成Ⅰ期仔蟹的阶段，这一时期蟹苗的饵料主要是水蚤，每天泼豆浆 2 次，上午、下午各 1 次，每亩每天 3 千克干黄豆，浸泡后磨成 50 千克豆浆投喂。放养的第 5～7 天是蟹苗养成Ⅱ期仔蟹的阶段，这一时期蟹苗的饵料为水蚤和人工饵料，人工饵料投喂比重为仔蟹总体重的 15%～20%，上午 9:00 投 1/3，晚上 7:00 投 2/3。放养的第 7～10 天是蟹苗养成Ⅲ期仔蟹的阶段，这一时期蟹苗的饵料为人工饵料，人工饵料投喂比重为仔蟹总体重的 10%～15%，上午 9:00 投 1/3，晚上 7:00 投 2/3。

人工饵料含粗蛋白质 40% 以上。其配方为：鱼粉 25%，豆饼粉 25%，菜饼粉 23%，麦粉 20%，骨粉 3%，酵母粉 2%，矿物质添加剂 2%。此外，再添加 0.1% 的蜕壳素和 0.1% 的复合维生素，轧制成颗粒饵料备用。也可用新鲜野杂鱼，加少量食盐，煮熟后去骨搅拌成鱼糜，再用麦粉拌匀，制成团状颗粒，直接投喂，混合比例为杂鱼 4:5，投喂时一部分投放在浅水区，另一部分投放于水生植物密集区。

6. 水位调控

蟹苗下塘时，池塘的水深保持在 20～30 厘米，当蟹苗蜕壳变态为Ⅰ期仔蟹后，给池塘加高水位 10 厘米；当蟹苗蜕壳变态为Ⅱ期仔蟹后，给池塘加高水位 15 厘米；当蟹苗蜕壳变态为Ⅲ期仔蟹后，给池塘加高水位 20～25 厘米，这时水位达到 70～80 厘米。这种分期注水法，可迫使在水线下挖穴的仔蟹弃洞寻食，防止产生懒蟹。进水时，应采用每平方米网目为 25 的网片过滤，以防止敌害生物进入培育池。如果在蟹苗培育过程中遇到大暴雨，应适当加深水位，防止水温和水质突变引起死苗。

七、蟹种培育

当一级池的蟹苗蜕壳变态为Ⅲ期仔蟹后，就可将仔蟹扩大到二级池中培养，精心饲养可大大提高蟹种的成活率。

1. 种植水生植物

4月中下旬在池塘的埂上空地或种子专用田里撒播水蕹菜种培植，等苗长至10～15厘米时连根拔起，在池塘边贴水面栽入泥中种植一圈，株距控制在10厘米。四周深沟上采用无土栽培水蕹菜的方法种植水蕹菜：先用稻草和塑料带编成粗绳，在蟹沟水面上每隔50～60厘米布一条草绳，两端用竹竿固定，使草绳笔直地浮于水面，然后将水蕹菜秧苗以10厘米间距夹在草绳内。夹苗后，在蟹沟内施粪肥，每亩施100～200千克，一般7天后可开始发棵，1个月后水面即可覆盖水蕹菜。

二级池中间的台田种植水稻，水稻的品种选择生育期长、抗倒伏、抗病力强、产量高、品质好的稻种。

2. 二级池仔蟹放养

通常蟹苗蜕壳变态为Ⅲ期仔蟹后即可扩大到二级池中培育，但若是台田种植水稻的塘口，则要待到水稻发棵分蘖后才能放养，如果是人工插秧要经过20天后才能放养仔蟹，防止损伤秧苗。到7月上旬，拆除一、二级池中间的临时防逃墙，并开挖蟹沟，使一、二级池相通。

3. 适时放养花白鲢夏花

一般情况下，在7月中旬至8月上旬放养花白鲢夏花，以滤食水中浮游生物，降低池水肥度，促进蟹种生长。根据池水肥度，每亩放养花白鲢夏花100～150尾，其比例为5∶1。

4. 分阶段投喂

蟹种培育过程中根据蟹种的生长规律和生态要求，其投饵可以分为两个阶段。第一阶段为控制阶段，在7月8日至9月8日期间，大量投喂水草，日投饵量为蟹体总重量的 50％。培育期间，蟹种经过 2 次蜕壳，其生长规格由 2 万只/千克长至 3000 只/千克左右。第二阶段为促生长阶段，在 9 月 8 日至 12 月 8 日期间，在傍晚时分投喂人工饵料，日投饵量为蟹体总重的 3％～5％，投喂水草，日投饵量为蟹体总重的 20％～40％。此培育期间共经过 3 次蜕壳，其生长规格由 3000 只/千克长至 100～200 只/千克。

蟹种人工饵料原料有小麦、大麦、玉米、米糠、南瓜、甘薯以及配合饲料等。配合饲料配方与仔蟹配方相似，只有鱼粉比例减少 5％，换用 5％的棉仁饼粉，也可用杂鱼、麦粉和少量食盐轧制成颗粒饲料。其制作方法同仔蟹的配合饲料，杂鱼、麦粉、食盐的比例为 0.6：1：0.01。麦粒、玉米等使用前必须加水浸泡。于傍晚将人工饵料投在浅处，开始投饵时饵料一半在水中，一半在岸边水面上，以后逐步向岸上移动，使蟹种养成在岸边摄食的习惯，以便于检查蟹种摄食情况，防止饵料散失。

5. 促进蟹种集中同步蜕壳，保护软壳蟹

作为一个群体，河蟹在每个阶段蜕壳时间太长，容易造成自相残杀，其成活率必然低。因此，必须采取措施，缩短群体蜕壳时间。具体方法参见本节三。

6. 集中捕捞暂养

扣蟹捕捞可采用以下几种方法。

（1）地笼网捕捞暂养　将数个地笼网直接安置在蟹池中，每天清晨和傍晚收取一次蟹种。

（2）光诱捕　在 10～11 月的晴天，抽去大部分池水，留 30 厘米水，到晚上河蟹便会上岸。只需在池塘四角装上电灯（或点灯），利用蟹种趋光的特性，便能徒手捕捉。也可在池塘四角沿防逃墙边各埋 1 只缸，缸内放少量细沙，缸沿与地面相平，在缸上方安置电灯，蟹种便会自动爬入缸内。

（3）流水捕捉法　利用蟹种有逆流而上的习性，放水一半，再加水，装上蟹笼捕捉。

（4）干塘捕捉 冬季蟹种活动能力低，活动范围小，不少蟹种往往挖洞穴居。此时要捕蟹种，只能抽干池水，直接下池捕捉；而且对穴居蟹种，也只能用长而窄的铁锹对准蟹洞将扣蟹逐一挖出。蟹种挖出后，应放入暂养池暂养。

暂养池以土池为佳，要求池底无淤泥，多水草，防逃设备良好，排灌水和日常管理方便。一般每亩可暂养蟹种 500 千克。

第四章

河蟹养殖方式及模式

多年来，河蟹单一养殖存在养殖风险大、养殖效益不稳定、池塘等养殖水体的利用率不高等不利因素，为确保河蟹产业的健康持续发展，开展以河蟹为主的多品种混养，即在养蟹池塘中，合理套养部分虾及特色经济鱼品种，在不影响河蟹规格、品质和产量的前提下，让蟹、虾、鱼同池共生，以达到资源共享、优化环境、增加产量、提高效益的目的。这是当前提高整个养殖水体经济效益的重要途径，已成为当前渔业产业结构调整的主要方向，对发展生态渔业也有着重要的作用。近几年来，各地利用水域资源，发展了池塘养殖、稻田养殖、提水养殖、湖泊网围养殖及蟹池套养名贵水产品等养殖模式，并在实践中取得了较好的生产效果，积累了很多经验。按其利用的养殖水域类型，从养殖实效来看，可分为池塘、稻田、提水、湖泊四种生态养殖方式及模式。

第一节
池塘生态养殖方式及模式

池塘生态养殖是利用原有养殖池塘，按照河蟹等水产品生长需求，经过一定的改造而成，这种方式可充分利用水体的空间，挖掘池塘生产潜力，全面提高池塘河蟹养殖的土地产出率和池塘利用率，从而达到增产增效的目的。

一、河蟹、青虾混养模式

主要是河蟹养殖为主，适当搭配青虾养殖，可充分利用池塘空间，两种养殖品种之间不产生影响，是近年来比较适合推广的模式之一。

1. 模式特点

该模式以生产大规格河蟹为主，池塘面积一般为 15～30 亩，设计为亩产河蟹 60～75 千克，亩产青虾 25～45 千克。2～3 月份亩放规格 120～160 只/千克的蟹种 600～800 只，冬春季 1～2 月份放养规格为 1500～2000 只/千克的幼虾 10～15 千克，或 5 月份放养抱卵青虾 0.5 千克，或秋季放养规格为 6000～8000 只/千克的幼虾 2 万～3 万尾。

2. 技术要点

（1）选址　池塘应靠近水源，水量充足，附近无化工厂等污染，水质良好，符合 GB 11607—1989 国家渔业水质标准。

（2）池塘要求　池塘形状以东西向长方形为好，水深要求保水 0.5～1.5 米，排灌设施要完善，排、灌分开，实际生产中以对角设计为最佳，有利于池塘水体的对流更换。同时要在池塘四周围上牢固可靠的防逃设备，常见的如钙塑板、尼龙薄膜、铁皮等。

（3）清塘消毒　苗种放养前需进行清塘消毒，常用的清塘消毒药物有生石灰、漂白粉、茶粕等，用量根据水深、淤泥量决定。生石灰用量为 100～150 千克，漂白粉用量为 10～15 千克，茶粕用量为 15～25 千克，具体使用方式参照第七章第二节。

（4）合理种植好水草　水草品种根据其特点在不同生长水域分布种植。常见的水草有水花生、伊乐藻、苦草、轮叶黑藻等，水草的覆盖面积达池塘的 50%～60%，一般伊乐藻占全池的 20%，苦草占全池的 40%，轮叶黑藻占全池的 40%，呈条式或点式分布。生长过程中严格控制其生长密度，过多或枯萎要及时清除，过少要适当进行补充，保持水体流通，增加水体溶解氧。

（5）养殖螺蛳　在池塘中需根据养殖季节分批养殖一定量的螺蛳，清明前后投放比例为全年的 2/5，5 月中旬投放比例为全年的 2/5，8 月中旬投放比例为全年的 1/5。这种投放防止了一次投放造成春季水质清瘦易发生大量青苔的不良后果，使得池塘的水质保持较好的状况，螺蛳的总量一般控制在 300～500 千克，也可根据池塘的底栖生物情况进行适当的调整。

（6）抓好饵料投喂关　适口性好、营养全面的饵料是河蟹、青虾生长的物质基础。以颗粒饲料为主，适当搭配其他动物性、植物性饲料，这样能满足河蟹和青虾生长营养需求。投喂方法是满塘均匀投喂，时间主要为下午的 4:30~5:30，夏季吃食高峰时可增加上午一次的投喂，占全天投喂量的 1/3。通过第二天巡塘察看池塘中饵料的残留情况，适时调节投喂量，避免过多残饵，造成败坏水质和浪费。在河蟹蜕壳高峰期、大雨和闷热高温天气时应减少投喂量。

（7）重视水质调节关　3~4 月份每月施肥 2 次，采用生物有机肥，用量为 30 千克/亩，以培肥水质，培养浮游生物、底栖生物，为河蟹、青虾、鱼类提供适口的活性饵料。5~9 月份根据水质变化情况适度施肥，但每月施用一次底质改良剂和微生态制剂改善底质和调节水质。水位控制为春季 0.4~0.5 厘米，5~6 月份 0.6~0.8 厘米，7~8 月 1.2~1.5 米，9 月份以后 1.2 米左右，并根据水温及天气变化情况适时调整水位。

（8）病害防治　参照第七章第二节。

二、河蟹、青虾、鳜鱼混养模式

河蟹、青虾、鳜鱼混养模式是依据河蟹、青虾混养模式，并增加套用品种鳜鱼，相互之间不影响生长，从而更好地提高池塘效益，且能减少池塘野杂鱼数量，提高饲料的利用效率，达到增产增收的效果。

1、模式特点

该模式以生产大规格河蟹为主，池塘面积一般在 15~30 亩，设计为亩产河蟹 60~70 千克，亩产青虾 15~30 千克，亩产鳜鱼 5~10 千克。2~3 月份亩放规格为 120~160 只/千克的蟹种 600~700 只，春季放养规格为 1500~2000 只/千克的幼虾 5~10 千克，或 5 月份放养抱卵青虾 0.3 千克，或秋季放养规格为 6000~8000 只/千克的幼虾 1 万~2 万尾。5 月中旬亩放 5~6 厘米的鳜鱼种 10~20 尾（可视饵料鱼的情况适当增加放养数量）。

2. 技术要点

（1）混养池塘的外源水选择　选在水域较为开阔的地区，因此种模式对外源水有较高的要求，水源质量应符合 NY 5051—2001

（无公害食品　淡水渔业水质标准）的要求，土壤质量应符合NY/T 5361—2016《无公害农产品　淡水养殖产地环境条件》的规定，同时周边电力设施要到位，方便池塘安装各类机械增氧设施等，交通方便，便于及时运输苗种和成品。

（2）铺设进排水系统　进排水系统要分开，池塘应设置高灌低排水系统，进水口和排水口分设在池塘的对角，这样可方便进排水形成一定的水流，有利于改善池塘的水质。

（3）池塘微孔增氧设施铺设　按照0.15～0.2千瓦/亩，主支管按"非"字形排放，呈东西向排列，整个管道用木桩或竹竿固定在水面中，主管道离浅滩处1.5米左右，每隔6～8米设置支管道，微孔软支管安插在离水底15厘米处。有条件的池塘还可每20～30亩设置耕水机一台，方便水源水平流动。为确保增氧效果，开机方式应掌握与叶轮式增氧机方式一致，根据水体溶解氧变化的规律，确定开机增氧的时间和时段。

① 最适合开机时间可采取以下原则：晴天中午开，阴天清晨开，连绵阴雨半夜开，傍晚不开，浮头早开，夏季生长季节坚持每天开。

② 开机时间长短可采取以下原则：半夜开机时间长，中午开机时间短；施肥、天气炎热、面积大或负荷水面大，开机时间长；不施肥、天气凉爽、面积小或负荷水面小，开机时间短。

③ 有条件的进行溶解氧检测，适时开机，以保证水体溶解氧含量在6～8毫克/升为佳。

（4）池塘清整消毒　应在上年养殖结束后进行，排干池水，修整池埂，清除淤泥，留淤泥10厘米左右深，放养前再按照常规清塘方式进行。

（5）底栖生物饵料培育　目前从生产上，养殖应更多地考虑到池塘的土壤改良及底栖生物饵料培养，从目前生产实践试验来看，培育底栖生物饵料对于改善和稳定池塘土质、水质，提高池塘活性饵料生物、提高水产品质量、降低池塘养殖品种的发病率及降低池塘生产成本等方面有较大的好处，进水前可在池塘中挖多处坑埋进或遍撒翻耕生物专用有机肥，应根据池塘肥力施150～200千克/

苗。后期可根据池塘水质情况用 10～20 千克/亩的生物有机肥作为追肥，对于池塘的水质改善及促进池塘水草的生长有明显的效果。

(6) 苗种放养　蟹、虾严格执行苗种放养管理，一定要选择活力强的蟹、虾种苗，同时应注意放养的鳜鱼规格不宜太小，要求鳜鱼苗在 5 厘米以上为最佳。

(7) 饵料投喂　虾、蟹以投喂专用配合饲料为主，并适当搭配麦粉、玉米、小杂鱼等，一般定点投喂在离池岸水面 2～3 米的浅滩处，投喂比例视水温、天气、吃食、生长等情况而改变，春季 4～6 月份每天投喂一次，夏季高峰期，饲料投喂要增加至两次，一般上午投喂量控制在 20%～30%，下午投喂量控制在 70%～80%，同时做到两头精、中间青、精青合理搭配、荤素兼顾。特别对蟹种暂养期更要注重饲料的营养需求，确保河蟹首次蜕壳的营养需求，有利于提高河蟹的成活率。同时应根据放养的鳜鱼数量及池塘饵料鱼情况适当增加饵料鱼，鳜鱼的饵料鱼来自于大规格鲫鱼、麦穗鱼的自繁鱼苗和投放的鲹鱼苗。

(8) 水质管理　放养前期池塘水深控制在 40～50 厘米，以后随着水温的升高逐步加深，5～6 月份保持水深在 60～70 厘米，7～8 月份保持水深在 120～140 厘米，9～10 月份保持水深在 90～100 厘米，池塘中水草的覆盖率占 50%～60%，对多余和腐烂的水草要及时清除，以防影响和败坏水质。定时开动微管增氧设施，开启原理按增氧机要求，保持池塘水体溶解氧在 5～7 毫克/升。高温季节每周施一次微生物制剂调节水质，以 EM 菌、芽孢杆菌、反硝化细菌等为主。

(9) 病害防治　参照第七章第二节。同时在病虫害防治上应更多考虑使用的药物对鳜鱼的影响。

三、河蟹、青虾、塘鳢鱼混养模式

在蟹池内套养塘鳢鱼，可让塘鳢鱼捕食池中的小鱼、虾，提高河蟹饲料利用率及青虾上市规格。

1. 模式特点

该模式以生产中等规格河蟹为主，池塘面积一般在 10～20 亩，面积不宜太大，一般设计为亩产河蟹 80～90 千克，亩产青虾 10～15 千克，亩产塘鳢鱼 25～50 千克。2～3 月份亩放养规格为 120～160 只/千克的蟹种 900～1000 只，冬春季 1～2 月份亩放养规格为 2000 只/千克左右的幼虾 5～10 千克，或 5 月份亩放养抱卵青虾 0.5 千克。5 月中旬亩放养 2～3 厘米的塘鳢鱼种 300～500 尾。

2. 技术要点

（1）池塘准备　上一年养殖结束后立即抽干池水，清除过多淤泥，使淤泥保持 10～15 厘米，同时清除池塘边杂草。然后使用生石灰 150 千克/亩，用泥耙与表层淤泥进行掺和清塘，以达到彻底消毒、除菌、除野和充分氧化底层有机物并改善土壤结构的目的。暴晒 30～40 天，放养前再使用杀青苔药物进行全池喷杀，放养前 15 天，进水 10 厘米，再以 15 千克/亩茶籽饼粉碎后用温水浸泡一昼夜，稀释，连渣全池泼洒。

（2）增氧管道铺设　因青虾和塘鳢鱼对氧气要求较高，所以此种模式必须高度重视溶解氧的来源。池塘中安装微孔管道增氧设施，保证了池塘的溶解氧含量，又稳定了水质，促进水草的良性生长，成活率可大大提高。具体操作为：每亩池塘配置功率在 0.15～0.2 千瓦，主管道为 PVC 管，主支管按"非"字形排放，呈东西向排列，整个管道用木桩或竹竿固定在水面中，主管道离浅滩处 1.5 米左右，每隔 6～8 米设置支管道，微孔软支管安插在离水底 0.15 米处。

（3）施肥种草　清塘消毒 1 周后即施生物有机肥 100～150 千克/亩，用机械将生物有机肥与表面土壤混合，过 2 天后注水 20～30 厘米，种植水草。采取复合型种植方式，即浅坡处种伊乐藻；在池中心种植轮叶黑藻和苦草，并加设围栏设施，待水草的覆盖率达到 50% 以上时再拆除。高温季节在较深的环沟处用绳索固定水花生带，以利沙塘鳢栖息、隐蔽和捕捉食物。采用底栖生物饵料培养法来增加底栖生物水蚯蚓、摇蚊幼虫等增加河蟹、青虾、塘鳢鱼的天然饵料，可大大替代部分人工饲料，降低了生产成本，提高了养殖成活率和产量，同时培养基的使用可以促进水草的生长，对稳定池塘水质和提高养殖品种的品质有很大的作用。

（4）投放螺蛳 采用三次投放法，合计投放活螺蛳450～500千克/亩，其中清明前后按200千克/亩投放，5月中旬按150千克/亩投放，8月份中旬再按100～150千克/亩投放。

（5）苗种放养 河蟹苗种应选择自行培育蟹种，青虾选择附近外河大水体中捕获的抱卵青虾为最佳，塘鳢鱼鱼种应选择专业育苗场生产的苗种，规格应注意不宜太小，鱼种规格在3厘米以上，如购买的小规格苗种需要进行设置小网箱前期强化培育至2厘米以上后才能入池。

（6）水草养护 按照河蟹主养的方式严格控制水草的生长，根据不同的生长期保持水草有适宜的密度，水草既不能过少，也不能过多，过少影响河蟹、青虾、塘鳢鱼的生长，过多易恶化水质，要采取必要的措施严格防控，这是河蟹、青虾、塘鳢鱼混养模式成功的关键措施之一。

（7）饵料投喂 前期重点采取施肥的方法，培育水体中的轮虫、枝角类、桡足类等浮游动物，为塘鳢鱼和河蟹苗种提供天然饵料，这是提高塘鳢鱼和河蟹苗种成活率的关键。中后期饵料主要投喂河蟹、青虾、塘鳢鱼均喜食的小鱼和颗粒饲料，并适当搭配南瓜、蚕豆和玉米等青饲料，以满足河蟹生长各阶段的摄食需求；视池塘小鱼小虾情况，可适当补充投喂河荡里捕捉的小鱼虾，确保有足够的活饵，并视天气、河蟹、青虾和塘鳢鱼活动情况灵活掌握投饵量。

（8）水质调控 水质的好坏直接影响河蟹、青虾和塘鳢鱼的生长，应强化水质调控，除定期加注新水外，最主要应根据池塘水质情况定期施用生物水改、底改制剂（如光合细菌、EM菌、枯草芽孢杆菌等），确保水质肥、活、嫩、爽。用量、时间视水质情况作适当调整。5月份随着温度逐渐升高，应常开动增氧设备，溶解氧含量保持在5毫克/升以上。并定期检测水质，保持pH值在7.0～

9.0，氨氮在 0.2 毫克/升以下，亚硝酸盐在 0.1 毫克/升以下，泼洒药物时应及时开启微孔管道增氧设施，防止池塘缺氧。

四、黄蟹、青虾、鳜鱼混养模式

1. 模式特点

该模式主要是利用上半年养殖黄蟹，黄蟹需在 7 月中旬捕捞上市，下半年留待池塘空间生产青虾、鳜鱼。池塘面积一般在 15～30 亩，一般设计为亩产黄蟹 100 千克左右、亩产青虾 40 千克、亩产鳜鱼 45～70 千克。2～3 月份亩放养规格在 60～100 只/千克的蟹种 2000 只，5 月中旬亩放养规格为 5～6 厘米的鳜鱼种 100～150尾，秋季亩放养规格为 6000～8000 只/千克的幼虾 15 千克。

2. 技术要点

（1）养殖池塘要求　和河蟹、青虾、鳜鱼混养模式相似。

（2）设置进排水系统　进排水系统要分开，池塘设置高灌低排水系统，进水口和排水口分设在池塘的对角，这样可方便进排水形成一定的水流，有利于改善池塘的水质。

（3）池塘微孔增氧设施铺设　按照 0.15～0.2 千瓦/亩，主支管按"非"字形排放，呈东西向排列，整个管道用木桩或竹竿固定在水面中，主管道离浅滩处 1.5 米左右，每隔 6～8 米设置支管道，微孔软支管安插在离水底 15 厘米处。有条件的池塘还可在池塘按照每 20～30 亩设置耕水机一台，方便水源水平流动。经常性开启增氧设备，以保证水体溶解氧在 6～8 毫克/升为佳。

（4）池塘清整消毒　在上年养殖结束后即进行，排干池水，修整池埂，清除淤泥，留淤泥 10 厘米左右，放养前再按照常规清塘方式进行。

（5）底栖生物饵料培育　目前生产养殖更多地考虑到池塘的土壤改良及底栖生物饵料培养，从目前生产实践试验来看，培育底栖生物饵料对于改善和稳定池塘土质和水质、提高池塘活性饵料生物、提高水产品质量、降低池塘养殖品种的发病率及降低池塘生产成本等方面有较大的好处。进水前可在池塘中挖多处坑埋进或遍撒翻耕生物专用有机肥，根据池塘肥力施150～200千克/亩。后期可根据池塘水质情况可用10～20千克/亩的生物有机肥作为追肥，对于池塘的水质改善及促进池塘水草的生长有明显的效果。

（6）苗种放养　蟹、虾严格执行苗种放养管理，一定要选择健康、活力强的蟹、虾种苗，同时应注意放养的鳜鱼规格不宜太小，要求鳜鱼苗在7厘米以上为最佳。

（7）饵料投喂　虾、蟹以投喂专用配合饲料为主，并适当搭配麦粉、玉米、小杂鱼等，一般定点投喂在离池岸水面2～3米的浅滩处，投喂比例视水温、天气、吃食、生长等情况而改变，春季4～6月份每天投喂一次，夏季高峰期，饲料投喂要增加至2次，一般上午投喂量控制在20%～30%，下午投喂量控制在70%～80%，同时做到两头精、中间青、精青合理搭配、荤素兼顾。特别对蟹种暂养更要注重饲料的营养要求，确保河蟹首次蜕壳的营养需要，有利于提高河蟹的成活率。后期根据放养的鳜鱼数量及池塘饵料鱼情况不断增加饵料鱼，鳜鱼的饵料鱼来自于大规格鲫鱼、麦穗鱼的自繁鱼苗和投放的鲮鱼苗。饵料鱼不足容易导致鳜鱼得不到食物而饥饿，同时要及时捕捞达上市规格的黄蟹和青虾，降低池塘养殖品种的密度。

（8）水质管理　放养前期池塘水深控制在40～50厘米，以后随着水温的升高逐渐加深，5～6月份保持水深在60～70厘米，7～8月份保持水深在120～140厘米，9～10月份保持水深在90～100厘米，池塘中水草的前期覆盖率最高不超过50%，对多余和腐烂的水草要及时清除，以防影响和败坏水质，后期水草密度应适当降低到20%～30%为宜，以增加鳜鱼的捕食能力。定时开动微管增氧设施，开启原理按增氧机要求，保持池塘水体溶解氧含量在5～8毫克/升。高温季节每周施一次微生物制剂调节水质，以EM菌、芽孢杆菌、反硝化细菌等为主。

（9）病害防治　参照第七章第二节。同时在病虫害防治上应更多考虑使用药物对鳜鱼的影响。

五、河蟹、南美白对虾混养模式

河蟹、南美白对虾混养模式是近年来新探索的模式。这种模式的优点是可以有效利用相互混养品种在空间的分布不同来提高水体的利用效率，而且在河蟹池套养南美白对虾可以控制南美白对虾单一养殖引起的病害流行，从而达到提高池塘养殖生态效益和经济效益的目的。

1. 模式类型

[模式一] 以生产大规格河蟹为主，池塘面积一般在 10～20 亩，设计为亩产河蟹 60～75 千克，亩产南美白对虾 50～90 千克。2～3 月初亩放养规格为 120～140 只/千克的蟹种 600～800 只，5 月中旬亩放养规格为 1.5～2 厘米的南美白对虾幼虾 1.5 万～2 万尾。

[模式二] 以生产中等规格河蟹为主，池塘面积一般在 10～20 亩，设计为亩产河蟹 90～100 千克，亩产南美白对虾 45～75 千克，2～3 月份亩放养规格为 140～180 只/千克的蟹种 1000～1200 只，5 月中旬亩放养规格为 1.5～2 厘米的南美白对虾幼虾 1.0 万～1.5 万尾。

[模式三] 蟹池双茬套养南美白对虾，池塘面积一般在 10～20 亩，设计为亩产河蟹 70～80 千克，亩产南美白对虾 100 千克左右，2～3 月份亩放养规格在 120～160 只/千克的蟹种 700～800 只，5 月中旬亩放养规格为 1.5～2 厘米的南美白对虾幼虾 1 万尾左右，7 月下旬亩放养规格为 1.0～1.5 厘米的南美白对虾幼虾 1 万尾左右。

2. 技术要点

（1）选择优质蟹种和虾苗 严格选择优质大规格蟹种和健康无菌的南美白对虾种苗放养，苗种放养前需使用维生素 C 进行浸泡，减少其应激性反应。

（2）合理施肥 确保水体有一定的肥度，透明度控制在 30～40 厘米。

（3）保持水质良好 定期施用微生态制剂改良水质，及施用底质改良剂改善底质，在极端天气（暴雨、雷阵雨、闷热天气）及水体环境变化较大时应及时使用抗应激药物，确保养殖对象特别是南美白对虾不因水体环境的急剧变化引起死亡。

（4）补钙 及时有效补充可利用钙源，促进蟹、虾有效蜕壳生长。

（5）水草密度 控制好池塘水草的密度，确保水草占池塘面积的 40%～50%。

（6）增氧设施 有条件的塘口应设置增氧设施，特别在养殖的中后期，应经常开启增氧设施，保持水体有较适宜的溶解氧，做好蟹、虾缺氧浮头的防范工作，促进蟹、虾的生长。

（7）淡化和暂养 放养规格为 0.8～1.0 厘米的南美白对虾虾苗需要二次淡化。通常放苗前在池塘一角用五彩布围设南美白对虾暂养池，所需面积的密度以每平方米 0.2 万～0.4 万尾为标准推算，暂养面积水深 0.5～0.6 米，每立方米水体洒粗盐 2 千克，把水调至与苗场相似的盐度。选择晴天傍晚放苗，暂养区域内放置微管增氧设施，24 小时增氧。若无增氧设备，需常备粒粒氧等增氧药物。虾苗在暂养池 24 小时以后逐步淡化，淡化方法在暂养池的外围靠水面的两边，用 50 目的网（5 米×0.5 米），用线绞在两角上，淡化时把网片与彩条布的交接处向下移 10 厘米，保持通水不通苗，达到淡化作用。7～10 天后暂养池盐度与大塘一致，经试水安然无恙后方可拆除五彩布，南美白对虾苗种淡化成活率可达90% 以上。放养规格为 1.2～2.0 厘米无需淡化的南美白对虾虾苗，为了提高下塘成活率，通常也需要在池塘一角用五彩布围设暂养池，所需面积以每平方米 0.5 万～1 万尾的密度为标准推算，暂养面积水深 0.5～0.6 米，每立方米水体洒粗盐 0.5 千克，暂养 1～2天后拆除五彩布。目的是避免因运输或幼虾对新环境不适应引起的应激反应。无条件设置暂养池的也可在虾苗放养后泼洒维生素 C液增强虾苗自身免疫力。

（8）收获 南美白对虾的收获方法主要采用地笼网诱捕、拉网围捕、干塘起捕等几种方法，但大部分时间采用地笼网诱捕。收获时间根据市场需求、价格及生长情况等来确定，一般南美白对虾经80～100天的养殖，规格达到60～80尾/千克即可捕大留小，分批收获上市，最后一定要在水温低于13℃之前捕净。注意高温季节尽量用地笼诱捕，不用拉网起捕，以免造成南美白对虾应激反应强而损伤，死亡率高，影响产品品质。为提高起捕率，可清除池塘环沟内部分水草，目的是减少对虾栖息和隐蔽场所，增加对虾活动量，从而提高起捕率，也可在地笼内放置少量饵料，达到诱捕的目的。

六、河蟹、小龙虾混养模式

河蟹、小龙虾混养模式是多年来一直采用的养殖模式，对增加池塘的经济效益有很大的促进作用，在河蟹池中套养小龙虾主要采取两种方式：一是池塘中自然繁殖的小龙虾；二是人为投放一定数量的小龙虾大规格种苗，两种方式各有优势。

1. 模式类型

[模式一] 以自然繁殖的苗种为主，池塘面积一般在30～50亩，设计为亩产河蟹80～90千克，亩产小龙虾45～50千克，2～3月份亩放养规格在140～180只/千克的蟹种800～1000只，上年8月底至10月初亩放养7.5～12千克的经人工挑选的小龙虾亲虾，雌雄比例为（2～1）：1。

[模式二] 以放养专池培育的小龙虾苗种为主，池塘面积一般在30～50亩，设计为亩产河蟹60～80千克，亩产小龙虾50～100千克，2～3月份亩放养规格为140～180只/千克的蟹种700～900只，4～5月份亩放养规格为2～4厘米的小龙虾种0.6万～0.8万只。

2. 技术要点

主要技术可参照池塘套养其他虾类品种，另应注意以下几个方面。

（1）4~5月份应增加饲料的投喂量，防止因饲料不足造成小龙虾大量啃草的现象发生，同时前期池塘中的水草密度应适当增加，防止小龙虾对水草的破坏引起后期池塘无水草状况。

（2）5月份要加强小龙虾的病害防治，防止近年来出现的龙虾白斑综合征对河蟹的影响。目前已发现河蟹也感染白斑综合征造成对河蟹的影响报道，这也是在蟹池套养小龙虾模式发展中出现的一种制约因素。

（3）为了不影响河蟹后期的生长，从6月份开始，至8月份前，应尽量捕获池塘中已达规格的小龙虾，以降低池塘中养殖品种的密度，还河蟹一个良好的生长环境，有利于后期河蟹的快速生长。在对小龙虾进行捕捞时，应将地笼的笼尾稍稍吊离水面，这样可以让进入笼中的蟹很方便地爬出而将小龙虾留下。

第二节

稻田生态养殖方式及模式

稻田养殖河蟹、青虾是在稻田里四周及田间开沟养殖河蟹、青虾，达到既种稻又养殖蟹、虾，以提高稻田单位面积效益的一种生产模式，稻田养殖蟹、虾是综合利用水稻、蟹、虾的生态特点达到稻渔共生、相互利用，从而使稻、渔双丰收的一种立体生态高效农业，能更好地保持农田生态系统物质和能量的良性循环，是动植物生产有机结合的典范，这是目前农村种养立体开发的一种最佳养殖模式。

一、稻田工程

一般在稻田的四周离田埂2~3米处开挖环沟，沟宽2~4米，沟深1~1.5米，坡比1∶2，其总面积占大田面积的10%~15%。田间沟又称畦沟，主要供河蟹爬进稻田觅食、隐蔽用，视田块的大小在稻田中间开挖 3～5 条宽 50～70 厘米、深 30～40 厘米的田间沟，田间沟与环构相通，其形状可为"十"字形、"井"字形等。暂养池主要用来暂养蟹、虾种和收获商品蟹、虾，蟹、虾种先放入暂养池 1～2 个月，待插秧后 15～20 天及时放入大田。

二、模式类型

1. 河蟹单养模式

稻田单养河蟹一般设计河蟹的产量在 40～50 千克，亩产稻谷 350 千克以上，2～3 月份亩放养规格为 140～180 只/千克的蟹种 500～600 只。

2. 河蟹、青虾混养模式

稻田混养蟹、虾一般设计河蟹的产量在 30～40 千克，青虾 25～30 千克，亩产稻谷 350 千克以上。2～3 月份亩放养规格为 140～180 只/千克的蟹种 400～500 只。冬春季 12 月至翌年 1 月份亩放养规格为 1500～2000 只/千克的幼虾 5～10 千克。

三、技术要点

1. 排灌设施

用于发展稻田养殖的田块，对水利设施要求较高，特别是连片田块，要具备必要的水源、灌排渠道和涵洞等，做到灌得进、排得出、降得快、避旱涝。最好要求每块稻田能排灌分开，相互之间不受影响。

2. 田埂

用于养殖的稻田应要求田埂坚固结实，不垮不漏，保水性能好。田埂要加宽加高夯实，特别还要防止混养的小龙虾打洞造成冲垮。

3. 水稻品种

水稻应选择茎秆坚挺、吸肥力强、不易倒伏、病虫害少、穗大粒多、稻米品质好的高产品种。

4. 稻田水质管理

（1）在蟹、虾放养初期，田水可干搁或保持浅水位（一般保持水深在15厘米左右），随着蟹、虾的不断生长和水稻的抽穗、扬花、灌浆，两者均需要大量的水，可将田水逐渐加深到30～35厘米。

（2）在水稻有效分蘖期采取浅灌，保证水稻的正常生长。

（3）在水稻无效分蘖期，水位可调节至30厘米左右，既可促进水稻的增产，又可增加蟹、虾的活动空间。

5. 晒田

稻田需要排水晒田时，排水的流速不能过快，应让其缓缓地流出，否则蟹虾不能及时离开田板导致蟹、虾被搁浅而死在稻丛中。同时水稻烤田要做到轻烤或短烤，烤田时使田间沟内的水位保持在低于大田表面15厘米即可，确保大田中间不陷脚，田边表土不裂缝和发白，以水稻浮根泛白为宜。烤田结束后，应综合水稻及蟹、虾生长要求立即恢复相应水位。

6. 施药

要特别注意施药技术的应用，除了药物要选择低毒高效的药物外，其施药技术特别重要。

（1）药机的选择 宜选用机动弥雾机，因喷出的雾滴呈弥雾状。若用手动喷雾器，宜用0.7毫米喷孔喷片，喷细雾注意喷头平喷，喷中上部稻株，减少药液下滴在水中的数量。

（2）用药时的水浆管理 喷药前上大水，一般水深10厘米左右。若遇水中农药浓度高的情况，应迅速灌水排水。

（3）用药时间 选择晴天、稻株露水干后使用，这样有利于稻株最大程度地吸收药液。

7. 其他

为了保证蟹、虾的生长觅食，要妥善处理好蟹、虾、稻生长与水的关系。平时保持稻田田面有5～10厘米的水深。烤田时则采取短时间降水轻搁，水位降至田面露出水面即可。

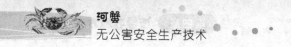

提水生态养殖方式及模式

　　提水生态养殖是利用低产农田、低产滩地、低洼荒田等"三低"资源，采取开沟筑埂，实行提水养殖的水面，是由稻田养殖衍生而来的一种水产养殖方式，主要是河蟹养殖为主的一种新型的高效养殖模式。从目前推广和实施效果看，主要有以下几种模式。

一、河蟹、青虾混养模式

1. 模式特点

　　主要以生产大规格河蟹为主，面积一般在 10～30 亩，设计为亩产河蟹 60～75 千克，亩产青虾 15～25 千克。2～3 月份亩放养规格为 140～180 只/千克的蟹种 600～700 只，冬春季 1～2 月份亩放养规格为 2000 只/千克左右的幼虾 5～10 千克，或 5 月份亩放养抱卵青虾 0.3 千克，或秋季亩放养规格为 6000～8000 只/千克的幼虾 1.5 万尾左右。

2. 技术要点

　　参照第四章第一节一。

二、河蟹、青虾、鳜鱼混养模式

1. 模式特点

　　以生产大规格河蟹为主，兼顾青虾、鳜鱼养殖，面积一般在 10～30 亩，设计为亩产河蟹 60～70 千克，亩产青虾 15～20 千克，亩产鳜鱼 5～10 千克，亩放养规格为 140～180 只/千克的蟹种 600～700 只，春季亩放养规格为 1000～2000 只/千克的幼虾 5～7.5 千克，或 5 月份亩放养抱卵青虾 0.3 千克，或秋季亩放养规格为 6000～8000 只/千克的幼虾 1 万～2 万尾。5 月中旬亩放养 5～6 厘米的鳜鱼种 10～20 尾 (可视饵料鱼的情况适当增加放养数量)。

2. 技术要点

参照第四章第一节二。

三、河蟹、青虾、塘鳢鱼混养模式

1. 模式特点

以生产大规格河蟹为主，兼顾青虾、塘鳢鱼养殖，面积一般在 10～30 亩，设计为亩产河蟹 60～70 千克，亩产青虾 15～20 千克，亩产塘鳢鱼 5～15 千克，亩放养规格为 140～180 只/千克的蟹种 600～700 只，春季放养规格为 1000～2000 只/千克的幼虾 5～7.5 千克，或 5 月份亩放养抱卵青虾 0.3 千克，或秋季亩放养规格为 6000～8000 只/千克的幼虾 1 万～2 万尾。5 月中旬亩放养 2～3 厘米的塘鳢鱼种 100～300 尾。该模式重点要关注池塘的溶解氧及塘鳢鱼的饵料青虾苗的数量。

2. 技术要点

参照第四章第一节三。

四、河蟹、南美白对虾混养模式

1. 模式特点

以生产大规格河蟹为主，兼顾南美白对虾的养殖，面积一般在 20～30 亩，设计为亩产河蟹 60～75 千克，亩产南美白对虾 50～60 千克。亩放养规格为 140～180 只/千克的蟹种 600～800 只，5 月中旬亩放养规格为 1.5～2 厘米的南美白对虾幼虾 1.0 万～1.5 万尾。

2. 技术要点

参照第四章第一节五。

五、河蟹、小龙虾混养模式

1. 模式类型

[模式一] 以自然繁殖的苗种为主，池塘面积一般在 10～20

亩，设计为亩产河蟹 60～70 千克，亩产小龙虾 35～40 千克，2～3
月份亩放养规格为 140～180 只/千克的蟹种 600～700 只，上年 8
月底至 10 月初亩放养 10～15 千克的经人工挑选的小龙虾亲虾，雌
雄比例为（2～1）：1。

　　[模式二] 以放养专池培育的小龙虾苗种为主，池塘面积一般在
10～20 亩，设计为亩产河蟹 50～60 千克，亩产小龙虾种 50～75 千克，
2～3 月份亩放养规格为 140～180 只/千克的蟹种 600～800 只，4～5
月份亩放养规格为 2～4 厘米的小龙虾种 0.25 万～0.3 万只。

　　2. 技术要点

　　参照第四章第一节六。

第四节

湖泊生态养殖方式及模式

　　湖泊水质清新无污染，沉水植物茂盛，浮游生物及底栖动物种
类多样，水体溶解氧丰富，非常适合河蟹等水产品生长育肥，是生
产优质水产品最佳的生存环境。本模式是充分利用水草、螺蛳、小
虾等天然饵料，结合投喂小鱼、玉米等单纯性动植物饵料，模拟生
态食物链，创造野生的生长环境，以提高河蟹品质、减少疾病发
生、降低生产成本、提高经济效益的一种养殖方式。但不是所有湖
泊水域都能适合养殖河蟹，各地要根据当地具体水域情况进行相应
改造和培植资源后才能发展养殖。由于管理不当、技术不到位、污
染等多种原因，大部分湖泊养殖效益低下，有的甚至亏损严重，切
勿一哄而上盲目发展。本地湖泊养蟹一般采用网围半精养养殖方
式，水深要求在 1.5 米左右。

一、养殖模式

　　网围养殖面积一般在 100～300 亩，蟹种以长江水系蟹苗培育

的蟹种为好，亩产河蟹 30 千克左右。3 月中旬左右放养规格为 100～120 只/千克大规格蟹种 350 只/亩左右。另可在当年的 5～6 月份每亩套养 5 厘米左右的鳜鱼 20 尾左右或 2～3 厘米的黄颡鱼等 50 尾左右的大规格苗种，可提高湖泊养殖效益。

二、技术要点

1. 用于养蟹的湖泊要能进行有效调控

(1) 水域条件要求水面开阔、水流平缓，水质符合 GB 11607—1989 渔业水质标准的水库、湖泊。网围设置处避开航道，环境安静，交通方便，网围养殖区域水草丰富，底栖动物密度大，并具有再生能力，敌害少。

(2) 湖底泥质要底部平坦，以沙性壤土最好，且池底淤泥层不宜太厚。要求水深常年保持在 1～2 米，透明度 40 厘米以上，溶解氧含量 5 毫克/升以上。

(3) 要注意湖泊的进出水口数量要尽量减少，水体相对稳定，有利于河蟹的自然生长。

(4) 进入湖泊的闸口设施要完备，不能出现水位急涨或急降。

(5) 湖泊周围环境要相对安静，不能有会对河蟹生长造成影响的噪声。

2. 围网设施

采用双层围网，两层网间隔 5 米，围网四周用毛竹（树木）作固定桩，每根桩间距为 2～3 米，将裁剪好的聚乙烯网片缝好后用绳子绑缚在桩上，上下左右拉成平面，网底部用石笼和地锚固定，使网脚与底泥贴紧，石笼压入底泥 20 厘米，同时要定期检查、维修、加固防逃设施。

3. 强化湖泊水生资源的保护

(1) 要防止水草成片被大量破坏。有条件的湖泊必要时需种植一定量的水草来优化水域资源，对于防止河蟹外逃具有直接的阻拦作用，可有效提高湖泊养殖的河蟹回捕率。

（2）要适度投饵，保护水草资源和螺蛳资源。前期为了使螺蛳繁殖生长，可适当投喂一些鲜螺蚌肉和小杂鱼。

（3）在河蟹生长旺盛季节要投喂一定量的饲料。后期每天投喂一次南瓜、土豆丝和鲜鱼、鱼粉、豆饼等制成的饵料或河蟹专用颗粒饲料，以补充天然饵料的营养不足，保证蟹膘体肥壮。

4. 强化日常管理，加强巡逻检查

水质管理要及时清除残饵、腐烂的水草、各种漂浮物等；适时冲洗围网，防止网眼堵塞，保证水体自然交换。防逃管理要定期检查围网的各部位设施，修补漏洞；在内外围网之间永久性放置地笼，经常检查地笼中有无逃出来的河蟹，以便及时采取措施。特别是在汛期和台风季节，要及时做好设施的加高加固工作，发现问题及时解决，防止河蟹逃跑。

5. 加强蟹种入湖及成熟后的暂养

蟹种原先在池塘低水位生长，进入湖泊新环境后需对新水体有一个适应的过程，这主要是扣蟹渗透压的暂时失衡造成外逃。

（1）放养蟹种前，用丝网、地笼等渔具将网围养殖区域内的敌害动物及大型凶猛性鱼类捕尽。

（2）在放养前需设置集中围养区，强制蟹种适应新的水体，同时也有利于保护湖泊水草资源与集中强化营养供给。

（3）后期河蟹成熟后，由于湖泊中饵料不集中，捕捞上的河蟹需要进行一段时间的集中暂养，才能使河蟹膘肥体壮。

第五章

河蟹水质调控要求

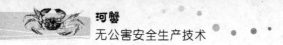
河蟹养殖，水质的好坏至关重要，它不仅影响河蟹的生长速度、成活率的高低，同时也影响成蟹的个体规格、饱满程度、腹部背甲的颜色，甚至直接影响养殖效益。

第一节
常规水质理化指标

养蟹池塘的水源要求水量充足，水质清新无污染，水质物理和化学特性要符合国家渔业水质标准。河蟹养殖的水质标准：溶解氧含量要保持在 5 毫克/升以上，pH 值应保持在 7.0～8.5，氨氮应保持在 0.2～0.3 毫克/升。

一、溶解氧

溶解氧是指水中溶解的分子态氧的含量，简称溶氧，一般用每升水含氧的质量（毫克/升）表示。它是河蟹生存和生长的重要环境条件，也是水体中最主要的理化指标。

1. 水中的溶解氧来源

（1）从空气中溶解（约占 10％），大气中氧的溶入仅局限于气-液界面上进行，所以表层以下溶解氧的补充只能依赖水体的物理搬运，靠上下对流、水平混合来实现，底层水缺氧的问题比上层突出，停滞水体比流动水体严重。

（2）水中植物，特别是浮游植物的光合作用所产生氧（约占 90％）。浮游植物不仅是水域生态系统中最重要的初级生产者，而且是水中溶解氧的主要供应者。

2. 池塘中溶解氧来源和消耗

池塘中溶解氧的主要来源如下。

① 浮游植物的光合作用（受光照、温度等影响较大）。

② 空气溶解（与风浪、水体的水平和垂直移动有关）。

③ 增氧机或增氧剂的使用。

④ 补水增氧等。流水养殖池以补水增氧为主。

水体中溶解氧的消耗包括水生生物及细菌等微生物的呼吸代谢耗氧，池水、底质中有机物等还原性物质的分解耗氧等几个方面。

3. 溶解氧变化规律

正是这种增氧、耗氧的过程，形成了池塘中的溶解氧的分布和变化，池塘中的溶解氧变化规律主要有水平变化、垂直变化、昼夜变化和季节变化，这四个变化规律以溶解氧的昼夜变化和垂直变化关系最为密切，它们同时产生、互相关联又互相制约，显示了池塘溶解氧时间和空间上的分布情况，对养殖的动物影响也最大。

4. 水体中溶解氧昼夜变化的特点

（1）日出之后，由于浮游植物的光合作用，产生大量的氧气，增氧作用超过耗氧作用，使水体中的溶解氧含量逐渐提高，经过整个白天的积累，在日落前达到最大值。

（2）日落后，光合作用基本停止，而水生生物及细菌等微生物的呼吸代谢耗氧并未停止，使得耗氧作用大大超过增氧作用，水体中溶解氧迅速减少，经过漫长黑夜的积累，到日出之前水体中的溶解氧达到最小值。

5. 水体中的溶解氧在空间上（垂直）分布

白天表层水中溶解氧多，饱和度可达200%以上；底层水中溶解氧少，饱和度为40%~80%，甚至更低；中层水中的溶解氧随深度增大急剧减少，形成一个"跃变层"。晚上，特别是下半夜，溶解氧浓度不断下降，垂直分布趋于均一。水体中溶解氧的含量直接关系到水产动物的生存与繁殖，河蟹所需的溶解氧含量在5~8毫克/升，最低在4毫克/升以上。保持水中足够的溶解氧，可抑制生成有毒物质的化学反应，转化和降低有毒物质（如氨、亚硝酸盐和硫化氢等）的含量。轻度缺氧河蟹虽不至于死亡，但会出现烦躁，呼吸加快，生长速度减慢；如溶解氧过低，将减少蟹的吃食量和减弱代谢能力，降低生长速度，甚至出现停止吃食或造成缺氧死亡。

蟹池增加溶解氧的应急措施有合理地使用增氧机，机械加水，泼洒增氧剂（如过氧化钙、粒粒氧等）。

二、pH 值

pH 值是养殖水体的一个综合指标，水体中的 pH 值会随着水的硬度和二氧化碳的增减而变动。浮游植物的光合作用，消耗池中大量二氧化碳，导致池水 pH 值升高，而生物的呼吸作用和有机物分解，又会产生二氧化碳，同时微生物的厌氧呼吸会产生有机酸，这些都会降低池水的 pH 值。因此，一个池塘的 pH 值在一昼夜有明显的波动，池塘中 pH 值通常日出后逐渐上升，至下午达到最大值，接着开始持续下降，直至翌日日出前降至最小值，如此循环反复。因此，池塘中下午的 pH 值一般高于上午。

pH 值偏酸性的水，可使河蟹血液中的 pH 值相应下降，削弱其血液载氧能力，造成河蟹活动能力减弱，新陈代谢强度降低，减少摄食量，生长缓慢。可采用生石灰定期全池泼洒，提高水体 pH 值，每次每亩用 5~10 千克，根据 pH 值高低适量使用，但要注意避开河蟹蜕壳期泼洒。蟹塘 pH 值会因藻类要进行光合作用大量消耗二氧化碳，导致水中的重碳酸盐分解，产生二氧化碳和氢氧根离子，消耗酸性物质，使得 pH 值升高。一般情况下，水越肥，pH 值越高。pH 值过高可能导致河蟹鳃部腐蚀，使河蟹失去呼吸能力而死亡。pH 值升高的同时，氨氮的毒性也跟着增大。因此，蟹池水中的 pH 值一般需控制在 7.5~8.5。

降低水体 pH 值，首先要观察水色，控制好藻类的数量，及时清除有机物。pH 值过高时建议每亩水面 1 米水深用醋酸 1~1.5千克；或池水中浮游生物太多，可用明矾调节，每亩施用明矾0.5~2 千克，全池泼洒。

三、氨氮

水体中的氨氮是非离子氨和离子氨的总量，水体中的氨对水生生物构成危害的主要是非离子氨［分子氨（NH_3）］。分子氨极易溶于水，形成 $NH_3 \cdot H_2O$，并有一部分解成离子态铵 NH_4^+（无毒）。鉴于 NH_3、NH_4^+、OH^- 三者之间的平衡关系，因此氨的毒性较大程度上取决于 pH 值以及总氨浓度。另外，温度也决定非离子氨在总氨中所占的比例，一般而言，随 pH 值及温度的升高，非离子氨比例也增大。

在水产养殖过程中，经常碰到池塘中氨氮过高的问题，在高密度精养池塘中这个问题更加严重，给养殖造成了一定的危害。

1. 氨氮对水生动物的危害有急性和慢性之分

（1）慢性氨氮中毒危害　摄食降低，生长减慢；组织损伤，降低氧在组织间的输送；鱼和虾、蟹均需要与水体进行离子交换（钠、钙等），氨氮过高损害鳃的离子交换功能；使水生生物长期处于应激状态，增加动物对疾病的易感性，降低生长速度；降低生殖能力，减少怀卵量，降低卵的存活力，延迟产卵繁殖。

（2）急性氨氮中毒危害　水生生物表现为亢奋、在水中丧失平衡、抽搐，严重者甚至死亡。

2. 氨氮来源

水产养殖中氨氮的主要来源是沉入池底的饲料，鱼、虾、蟹排泄物，腐烂水草、肥料，动植物死亡的遗骸。

（1）水体中氨氮可以通过硝化和反硝化作用转化为 $NO_3\text{-}N$ 或以 N_2 形式散逸到大气中，部分可被水体植物消耗和底泥吸附。只有当池水中所含总氮大于消散量时，多余总氮才会积累在池水中，达到一定程度就会使鱼、虾、蟹中毒。

（2）NH_4^+ 是浮游植物的肥料，几乎所有藻类都能迅速利用它，而它主要由有机物在细菌作用下分解产生，但硝化作用消耗溶解氧，而非 NH_4^+，对河蟹有较强的毒性，即使浓度很低也会抑制生长，损害鳃组织，加重病害。

（3）一般池塘中氨氮浓度不超过0.2毫克/升，低于0.05毫克/升说明水质比较瘦，需要及时追肥，培养优质生物饵料；高于0.3毫克/升，则可使用芽孢杆菌类的生物制剂降低氨氮含量。

3. 水体中氨的调节

（1）清淤、干塘　每年养殖结束后，进行清淤、干塘，暴晒池底，使用生石灰、强氯精、漂白粉等对池底彻底消毒，可去除氨氮，增强水体对pH的缓冲能力，保持水体微碱性。

（2）加换新水　换水是最快速、有效的途径，要求加入的新水水质良好，新水的温度要尽可能与原来的池水相近。

（3）增加池塘中的溶解氧　在池塘中使用"粒粒氧""养底"等池塘底部增氧剂，或经常开动增氧机，可保证池塘中的溶解氧充足，加快硝化反应，降低氨氮的毒性。

（4）加强投饲管理　选用优质蛋白质原料，避免过量投喂，并在饲料中定期添加"EM菌"及"活性干酵母"调整水生生物肠道菌群平衡，通过改善水生生物对饲料的利用率而间接降低水中氨氮等有害化学物质的含量。

（5）定期施用微生态制剂　在养殖过程中定期使用"光合细菌""降氨灵"等富含硝化细菌、亚硝化细菌等有益微生物菌的水体用微生态制剂，并配合抛洒"粒粒氧"等池塘底部增氧剂，增加池底溶解氧，直接参与水体中氨氮、亚硝酸盐等的去除过程，将有害的氨氮氧化成藻类可吸收利用的硝酸盐。

（6）养殖中后期使用沸石粉（15～20克/米^3）或活性炭（2～3克/米^3）改善底质，吸附氨氮，降解有机物。

（7）定期检测水中氨的指标，如果氨氮超标，早发现早处理。

对有藻色水体，晴天上午施用沸石粉10～15千克/（亩·米），2小时后泼洒光合细菌2～4升/（亩·米）。夜间8～10点施放"粒粒氧"。

对无藻色水体，第一天上午泼洒磷肥（过磷酸钙）3.7～7.5克/米^3，第二天上午用降氨灵0.37～0.45克/米^3，浸泡2小时后泼洒。当天夜间施放"粒粒氧"。

第二节
调控方法

河蟹喜欢生活在水质清新、水草茂盛、溶解氧充足、微碱性的水域中。健康养蟹对水环境的质量要求非常高，必须科学地调控水质。水质指标要求透明度30～40厘米，溶解氧含量在5毫克/升以上，pH值7.5～8.5，氨氮浓度0.2～0.3毫克/升。在生产上以上水质指标可通过采用水质测试盒等手段进行检测得知，从而采取一些必要措施，对水环境进行有益、及时的调控。水质调控技术可归纳为机械调控、生物调控、化学调控三类。

一、机械调控

1. 清淤晒底

冬季抽干池水，彻底清淤消毒，日晒风冻1个月左右。清淤后的塘底经冻后土质变松，再经太阳暴晒，不仅有利于杀灭病原体和敌害生物，而且使底质养分容易释放，改善水质，改善河蟹的生存环境。清淤过程中，不宜将淤泥全部清除，应该保留10～15厘米厚度的淤泥，以利于来年开春肥水。

晒底是改善池塘环境、减少病害、保证虾蟹健康快速生长的重要措施，也是养殖取得稳产高产的关键环节。晒底要求晒到塘底发白、干硬开裂，越干越好。

2. 定期更换新水

适时注换新水对保持良好的水质、补充溶解氧起到较大作用。定期注入新水可将原来池塘里的有害物质稀释，从而达到改善水质的效果，也是养殖业经常采用的方法。换水应根据天气、温度、水位和水质状况灵活掌握。高温季节，通常每3～4天换水1次；水温低时，7～10天换水1次；天气闷热时，坚持天天换水；特别是发现河蟹上岸、爬网等与以往有异时，则要及时换水；每次换水量一般占池水总量的 1/5 左右。如果水质过肥，可用潜水泵抽去部分底层水，及时补加适量的新水。当天气突变时，要及早加水达到一定的深度。

3. 水位调控

养殖池塘的水位要根据季节的变化而定。按照"前浅、中深、后稳"的原则，分三个阶段进行。春季水位低，有利于水草的生长和水温的上升，虾蟹快速蜕壳生长；3～5 月份水深掌握在 0.5～0.6 米；夏季高温季节水位高，能降低池水温度和减缓水温变化，有利于虾、蟹安全度夏；6～8 月份控制在 1.2～1.5 米（高温季节适当加深水位）；9～10 月份稳定在 1.0～1.2 米。

4. 应用机械装置

除了上述基本方法外，还有一些应用机械装置来调节水质的措施。主要是利用增氧机和水质改良机。

（1）水质改良机　是一种翻喷淤泥的机械装置，由人工牵引操作，在翻喷淤泥过程中释放淤泥中的营养物质，能起到一定的施肥作用，有提高磷酸盐含量、浮游生物量和降低氮磷比等多种功能。

（2）增氧机　是利用气体转移理论，依靠单纯物理机械方式增氧。利用氧气在向水体溶解过程中的物理特性，通过机械、人工或其他手段的作用，提高氧气向水体溶解的速率，增加水体中的溶解氧，是目前应用最广泛的一种增氧方式。

① 充气式　又称为扩散式，它是将空气或制备的纯氧通过散气装置释放为微小气泡，小气泡在上升过程中与水进行传质，使得氧慢慢地溶解到水体中，成为溶解氧。这种方法在工厂化养殖中应用得比较多。如目前的微孔增氧技术，就是采用底部充气增氧的办法，增氧区域范围广，溶解氧分布均匀，增加了底部的溶解氧，加快了对底部氨氮、亚硝酸盐、硫化氢的氧化，抑制底部有害微生物的生长，可造成水流的旋转和上下流动，将底部有害气体带出水面，改善池塘水质条件，减少疾病的发生。微孔增氧具有节能、低

噪、安全、增氧效率高等优点。

② 机械式 它是利用机械动力，增加水体和空气的接触面积，使得水体与空气充分接触，从而促使空气中的氧溶解于水中，以达到增氧的目的，在池塘养鱼中大量使用的叶轮式增氧机、水车式增氧机就属于这种类型。

③ 重力跌水式 它是通过自然重力跌水溅起的水花，增加水体与空气的接触面积，从而达到增氧的目的。这种方法常常在流水养殖中看到。

使用增氧机可通过增加溶解氧和造成上、下层水对流来散发有毒气体，从而起到改良水质的作用。增氧机一般晴天中午开，阴天下午或次日清晨开，阴雨连绵时应在半夜开。

二、生物调控

利用微生物或水生动、植物来处理水质。

1. 微生物制剂

微生物制剂可通过调节养殖水体内的微生态平衡，净化水质，达到提高养殖品种健康水平及改良养殖环境的目的。而且微生物制剂具有无残留、无耐药性、无污染等副作用，它在一定程度上可部分替代或完全替代抗生素，为无公害水产品的生产创造条件。作为水产动物微生物制剂的主要菌种有光合细菌、酵母菌、乳酸菌、硝化细菌、芽孢杆菌等，以复合型产品为主（如 EM 菌）。

（1）微生物制剂的种类

① 光合细菌 在水产养殖业中应用较广泛的微生物制剂，是具有原始光能合成体系的原核生物的总称，是一类以光作为能源、能在厌氧光照或好氧黑暗条件下利用自然界中的有机物、硫化物、氨等作为供氢体兼碳源进行光合作用的微生物。其在养殖水体内，可利用硫化氢或小分子有机物作为供氢体，同时也能将小分子有机物作为碳源加以利用，以氨盐、氨基酸等作为氮源利用，因此将其施放在养殖水体后可迅速消除氨氮、硫化氢和有机酸等有害物质，改善水体，稳定水质，平衡水体的酸碱度。但光合细菌对进入养殖

水体的大分子有机物（如残饵、排泄物、浮游生物的残骸等）无法分解利用。

② 酵母菌　酵母菌是通过菌体在体内大量繁殖来有效地改善胃肠内环境和菌群的结构，促进乳酸菌、纤维素菌等有益菌群的繁殖和活力，加强整个胃肠对饲料营养物质的分解、合成、吸收和利用，从而加大了摄食量，可提高饲料的利用率和生产性能，同时参与病原微生物菌群的生存性竞争，有效地抑制病原微生物的繁殖，而且酵母菌还可提供丰富的维生素和蛋白质。同时酵母还是双歧杆菌和乳酸杆菌等有益菌的营养源，可促进它们大量繁殖；增进和保护肠道健康。目前常用的酵母菌是从鱼的体表分离出的。

③ 乳酸菌　是一种厌氧菌或兼性厌氧菌，在 pH 值 3.0～4.5 酸性条件下仍能够生存，通过降解碳水化合物生成乳酸和其他有机物，使多种动物肠道内的 pH 值下降，有效抑制大肠杆菌、沙门菌的生长，乳酸菌富含维生素和脂肪酸，能中和动物体内的有毒物质。

④ 硝化细菌　硝化细菌是指利用氨或亚硝酸盐作为主要生存能源，以及能利用二氧化碳作为主要碳源的一类细菌。硝化细菌是一种好氧菌，在水体中是降解氨和亚硝酸盐的主要细菌之一，在 pH 值、温度较高的情况下，分子氨和亚硝酸盐对水生生物的毒性较强，而硝酸盐对水生生物无毒害，从而起到净化水质的作用。

⑤ 芽孢杆菌　是一类好气性细菌，该菌无毒，能分泌蛋白酶等多种酶类和抗生素，可直接利用硝酸盐和亚硝酸盐，从而起到净化水质的作用；另外还能利用分泌的多种酶类和抗生素来抑制其他细菌的生长，进而减少甚至消灭病原体对水产养殖动物的影响。

⑥ EM 菌　为一类有效微生物菌群，是采用适当的比例和独特的发酵工艺将筛选出来的有益微生物混合培养，形成复合微生物群落。由光合细菌、乳酸菌、酵母菌等有益菌种复合培养而成。EM 菌中的有益微生物经固氮、光合等一系列分解、合成作用，使水中的有机物质形成各种营养元素，供自身及饵料生物的生长繁殖，同时增加水体中的溶解氧，降低氨、硫化氢等有毒物质的含

量，达到净化水质的目的。

（2）微生物制剂的使用技术

① 培水　在虾蟹放养前 10 天左右，用 EM 菌原液 100 倍稀释液均匀泼洒池塘，净化环境。放苗前 3 天，再用 EM 菌稀释液泼洒水面，使水中的有益微生物种群形成优势种群，有利于虾、蟹下塘就能适应生长。

② 调水　一般情况下，每半个月用 EM 菌原液稀释后全池泼洒，具体视水质情况调整泼洒时间和用量。

③ 拌喂　每隔 10～15 天，用 EM 菌原液 100～200 倍稀释液喷洒饲料，稍加拌和使其均匀后，马上投喂。

④ 改底　当池底发生恶化时，每亩可施用 5 千克光合细菌配合沸石粉 30 千克，情况严重的可施用 2 次。pH 值偏高，可施用降碱菌（醋酸菌及乳酸菌制剂）；水色发红、发白、发黑，可先施用二氧化氯，3 小时后加水，下午施用沸石粉、晚上开动增氧机，3 天后施用枯草芽孢杆菌；抑制丝状藻，每亩施用 5 千克的光合细菌，再施用单细胞藻类生长素快速肥水。

（3）使用微生物制剂的注意事项

① 长期使用　微生物制剂的预防效果好于治疗效果，其作用发挥较慢，长期使用方能达到预期的效果。为使有益菌尽快与有害菌竞争形成优势种群并能持续，首次使用和换水后使用用量要充足，一般每隔 15 天使用一次，高温季节 7～10 天使用一次。

② 尽早使用　通过有益菌的大量繁殖，形成优势种群，减少或阻碍病原菌的定居。

③ 注意用法和用量　所有的活菌如果用作水质改良全池泼洒时，与沸石粉、沙子等拌匀后撒入水中，明显提高功效，因为活菌吸附在这些载体上，随之沉入池底，然后发挥作用，而池底又是整个池塘中负荷最大、环境最差、有害物质最多的一部分，改善池底，就改善了大半个池塘环境。芽孢杆菌、硝化细菌因是好气细菌，当养殖水体中溶解氧高时繁殖速度加快，因此泼洒的同时要尽量开动增氧机或在有风的天气使用，水质恶化、底质污染严重的池

塘要加量使用。

④ 禁止与抗生素、消毒杀菌药或具有抗菌作用的中草药同时使用　水体使用消毒剂 5 天后才可使用，使用抗生素 3 天后才能使用。

⑤ 施用时注意菌体活力及菌体数量　微生物制剂必须含有一定量的活菌，一般要求含 3 亿个/毫升以上的活菌体，且活力强，同时注意制剂的保存期，随着保存期的延长，活菌数量逐渐减少，故保存期不宜过长，并且打开包装后尽快使用。

⑥ 有的微生物制剂在使用前要活化培养　活化能让微生物迅速"复活"，活菌数量成倍增加，也能使活菌迅速适应池塘水质条件。如芽孢杆菌使用前要采用本池水加上少量的红糖或蜂蜜，浸泡 4～5 小时后泼洒，这样活化的芽孢杆菌繁殖速度快，提高了使用效果。

⑦ 注意不利因素的影响　温度、pH 值不合适时会影响使用效果。如光合细菌使用时最适水温 28～36℃，所以在水温 20℃以上时使用效果好，阴雨天勿用。酸性水体不利于光合细菌的生长，应先使用生石灰，间隔 3～4 天 pH 值调好后使用较好。硝化细菌在 pH 值低于 7 或高于 8.5 的水体中繁殖速度会受到一定的影响，其最适 pH 值为 7.8～8.2，所以控制好水体中的 pH 值，有利于有益微生物的生长。

2. 投放螺蛳

螺蛳是河蟹喜食的活性饵料，又能摄食池塘底泥中的残渣剩饵等有机营养物质，有净化水质的作用。一般于清明前后，每亩散投活螺蛳 100～150 千克，此时不宜过多，以防止一次性投入量大，造成前期水质清瘦、青苔大量繁殖而影响河蟹的生长。7～8 月再补投一次活螺蛳，每亩散投 150～250 千克。投放前要将螺蛳清洗消毒。

3. 放养一定数量的滤食性鱼类

花白鲢等鱼类可滤食水体中的浮游生物，能充分利用养殖池塘水体中的浮游生物和有机碎屑等资源，进而降低池水浓度，其目的主要是控制池水浓度。放养花白鲢等鱼类后既可降低生产成本，增加收入，又可维护良好的水体环境。放养量一般以亩产成鱼50千克左右为宜。

4. 种植水生植物

在池塘中种植一些水生植物，通过植物从淤泥和水体中吸收无机养料（如氨氮、亚硝酸盐、磷酸盐等），从而改善水体的理化条件和生物组成，调节水体平衡，净化水质。在池塘中种植的沉水植物品种主要有轮叶黑藻、苦草、伊乐藻等，以轮叶黑藻与伊乐藻为最佳，苦草次之。浮水植物主要为水花生、水葫芦。采用复合型水草种植方式进行水草种植。养蟹水域要求水草分布均匀，种类要合理搭配，沉水性、浮水性水草应合理栽植。一般以沉水的苦草、轮叶黑藻、伊乐藻和浮水的水花生相结合。水草种植面积最大不超过2/3。

三、化学调控

化学方法指利用化学作用，增氧或用以除去水中的有害物质。通常加化学药剂促使有害物混凝沉淀和络合。

1. 使用增氧剂

主要用于鱼虾蟹缺氧浮头时的急救，高密度养殖中的增氧。常用的增氧剂为过氧化钙、过碳酸钠等。

（1）过氧化钙 白色结晶粉末，与水反应后能产生大量的氧气，可增加水体中的溶解氧，提高水体的碱性，提高 pH 值，并可絮凝有机物及胶粒，降低水体中的氨氮，去除二氧化碳和硫化氢，防止厌氧菌的繁殖，且杀死致病细菌，起到澄清水体的作用，改良水质。使用时用水溶解后，以 1 克/米^3 的水体浓度全池泼洒。

（2）过碳酸钠（$Na_2CO_3 \cdot 3H_2O_2$） 白色、自由流动颗粒结晶粉末。水溶液呈碱性，活性氧含量14%，具有氧化性。过碳酸钠干粉的活性氧含量相当于浓度30%的双氧水。使用过碳酸钠后的池塘溶液呈碱性，生成活性氧，从而发挥其杀菌、漂白去污的功能。预防缺氧以 0.075～0.15 克/米³的水体浓度全池泼洒；缺氧急救时使用量可加倍，以 0.15～0.22 克/米³的水体浓度进行泼洒。

2. 投施磷酸二氢钙

磷酸二氢钙易溶解于水，不但可调节水质，而且河蟹可直接通过鳃表皮及胃肠内壁吸收，可相应加快河蟹蜕壳速度，对促进河蟹生长有较好的作用。一般每月 1 次，每次每亩施 2 千克左右，与生石灰进行交叉使用。

3. 泼洒生石灰

一般 10～15 天使用一次，每次使用量为每亩水面 1 米水深用 5～10 千克生石灰。主要作用是提高水体 pH 值和增加水体中钙的含量。

4. 使用消毒剂

主要是杀灭对养殖对象和人体有害的微生物，降低有机物的数量，脱氮、脱色和脱臭。常用的消毒剂有漂白粉、漂白精、二氧化氯。臭氧在水产养殖上越来越普遍地用于对养殖水体的消毒。它是氧的三价同素异构体，在水中具有很强的氧化能力，它能破坏和分解细菌的细胞壁，扩散进入细胞内，氧化破坏细胞室内的酶而杀死病原体，同时可对水中的污染物（如氨、硫化氢、氰化物等）进行降解。由于臭氧不稳定，反应过后易生成氧和水，不会造成二次污染，因此，它既可以迅速及时地杀灭水中的病原微生物，又可以降低水中氨氮含量，增加溶解氧。

5. 使用混凝剂

水中的悬浮物质大多可通过自然沉淀去除，而胶体颗粒则不能依靠自然沉淀去除，在这种情况下可投加无机或有机混凝剂，促使胶体凝聚成大颗粒而自然沉淀，如明矾、沸石粉（主要成分为二氧化硅和三氧化二铝）。

第三节
常规水质环境处理

一、青苔的处理

青苔是一种丝状藻类，是对水绵、双星藻和转板藻等几种丝状藻类的统称。春季气温上升到10℃以上时青苔开始繁殖生长。早期如毛发一样附生在浅水的池底，随着气温的上升，它会大量繁殖，长成一缕缕绿色的细丝直立在水中；严重时会像一张巨网布满整个池塘。

1. 青苔的危害性

当青苔大量繁殖时，会吸收水体中大量的营养物质，使得水体变得清瘦，当蟹种爬入青苔中，还会缠住蟹种而严重影响河蟹的正常摄食和活动。当青苔封盖或吸附在水草上时，会阻碍水草的光合作用，导致水草萎缩死亡，进而影响水质。当其大量死亡时，分解释放大量毒素，引起水质发黑、发臭，氨态氮含量超标，水体中溶解氧含量偏低，对河蟹造成伤害。

2. 青苔产生的主要原因

① 清塘不彻底。若前一年发生过严重的青苔问题，蟹池冬季存有积水，翌年开春没有排干，养蟹前又未能清塘或晒塘，此类蟹塘青苔发生率极高，危害程度也较大。

② 池水过瘦。放养前养殖池没有施肥或施肥不足，致使池水过瘦，引起青苔滋生。

③ 前期的肥水没有肥起来或水草生长的阶段没有及时追肥，水草把池塘中的营养物质消耗后，有益藻类得不到营养。所以在种草后一定要密切关注池塘中水色的变化，一旦发现水草长势很快，水体透明度提高，应及时追肥，使透明度维持在

30厘米。

④ 螺蛳一次性投放量过大，导致水质清瘦，肥水困难，青苔滋生。螺蛳一般在清明前后放养，放养螺蛳前一定要注意水质的肥度。放养螺蛳前最好大量施肥。

⑤ 过量施用磷肥和施用未经发酵的有机肥，使水体生态受到破坏，或在移栽水草、螺蛳时，将青苔带入蟹池中，造成青苔泛滥等。

3. 防治青苔的措施

(1) 彻底清塘　清除过多的塘底淤泥，塘底淤泥的厚度不超过15厘米，再进行晒塘20天以上。在清塘时每亩用1.5千克硫酸铜溶于水中遍浇池底及池坡，5天后在塘内注水10厘米左右，用每亩150千克以上的生石灰兑水全池均匀遍洒。需要注意的是，生石灰全池遍洒时要均匀，如在一个地方有太多的块灰且未能溶化时，要用铁耙将其耙开。经过此法处理的蟹池，只要管理得当，一般很少会有青苔发生。

(2) 适度肥水　青苔的生长需要阳光，而青苔是生活在水底部的，可以通过肥水，增加水的肥度，降低透明度，减弱光照。由于前期水温较低，藻类不容易生长，水不易肥起来。首先在清塘以后，要在池塘底部施基肥，一般施100～150千克/亩的有机肥。再视水质情况施放无机肥，施肥的数量原则上是视池塘的底质、进水的水质情况而定，一般在3～5月份保持池塘水质的透明度在30～35厘米，透明度过高，说明池水偏瘦，需加大施肥量和次数。进入6月份以后，养殖池水的透明度应控制在40～45厘米。因此，控制池水透明度的原则：水温低，透明度也低；水温高，透明度应控制得大一点。施放的有机肥一定要经过充分腐熟发酵过，施放的无机肥以复合肥为主。

施肥时要注意若青苔已大量发生，就不能大量施肥进行肥水了，因为施肥后有了更多的营养，加快青苔的生长。也就是肥料施得越多，青苔就长得越旺。

① 肥水效果不佳的原因　水温较低；光照不足；水体溶解氧

过低；水体藻类过少；水体浮游动物过多；水体药物残留较多；水体 pH 值过高或过低；水体风浪过大，上下对流较严重；使用的肥水产品没有溶于水中或溶解性较差等。

② 肥水措施　针对上述情况，建议养殖户采取下列对策可获得比较满意的肥水效果。

a. 水温低、光照不足时：使用氨基优藻＋低温芽孢或光合菌浸泡后全池泼洒，配合增氧剂或开动增氧机使用；使用固体肥料时应充分溶解后再使用，一般浸泡 6 小时以上，如发现肥料沉淀物较多则证明该肥水产品质量较差，可改用肥水产品质量较好的产品，以确保肥水效果。

b. 水体溶解氧过低、浮游动物较多时：首先使用杀虫剂将过多浮游动物杀灭（在杀灭浮游动物的过程中，应特别注意混养塘的杀虫剂选择，以确保对混养的虾蟹等无不良影响），然后隔天上午使用优底安或益底王（4～6 亩/包）＋颗粒氧（300 克/亩）全池抛洒，间隔 2～3 小时后，使用氨基优藻或优藻生＋磷肥＋利生素或合生元（4 亩/包）浸泡后全池泼洒（晴天使用效果较好）。

c. 水体使用大量药物，混浊时：首先使用优水安（5～7 亩/瓶）化水后全池泼洒，然后使用优底安或益底王全池抛洒，隔天晴天上午使用氨基优藻或优藻生＋藻种＋利生素或合生元浸泡后全池泼洒。

（3）放养细鳞斜颌鲴鱼　3 月底前亩放养规格 6～8 厘米的细鳞斜颌鲴鱼种 100～200 尾。细鳞斜颌鲴鱼摄食水生藻类，能够有效地控制水体中青苔数量，防止因青苔暴发而导致水质的恶化；鲴鱼还能吃食河蟹的残饵，可有效防止因饵料腐败变质对水质的影响。

（4）药物处理　若青苔已经大量发生，则需要采用药物杀灭的方法来处理青苔。用湿细土与灭苔护草灵拌匀后干撒于青苔密集处，用后 2 天即见效。

在青苔集中的区域直接将硫酸铜、硫酸亚铁合剂 5∶2 泼洒在青苔上进行杀灭，并在 3～5 天后抛洒生石灰一次。采用药物杀灭青苔时要注意不能在河蟹蜕壳期使用。

二、水华

"水华"是淡水中的一种自然现象，是由蓝藻大量繁殖暴发引起。随着高温季节的到来，蓝藻就会陆续出现，治理蓝藻一直是河蟹养殖过程中的一个难题。

1. 产生"水华"的主要原因

（1）高温　在常温条件下，蓝藻的生长速度并不比其他常见藻类快，蓝藻的生长速度随着水温的升高而加快。在达到一定的温度条件下，蓝藻的生长速度比其他藻类快；进入高温季节，蓝藻生长优势才会体现出来。

（2）水体富营养化　水体富营养化由于以下原因引起：随着养殖的进行，水生动物不断生长，饲料的投入量就随之加大，残饵的堆积、养殖动物的排泄物的增多等导致营养物质超过了水体自净能力；大量的粪便、残饵的积累速度远远大于微生物的降解能力。

（3）氮磷比例失调　有益藻类营养源的不均衡，导致了藻类繁殖速度减慢，有益藻类的量减少，藻类获取水里的营养物质的量也就随之减少，被分解营养物质无法全部被藻类利用，累积过多后就出现了反馈抑制作用，造成物质循环受阻。

（4）人为影响　在养殖过程中频繁使用杀虫剂和消毒剂，之后又没有及时补充有益菌群，造成水体缺乏有益微生物，从而使得水体的降解能力大大下降。

2. 池塘蓝藻发生情况

（1）池塘中没有水草或者水草量很少，营养物质不能被充分利用，导致后期养殖池中有机质含量过高。

（2）螺蛳放养量太少，或者放养的螺蛳成活率不高，导致后期池底有机质含量丰富。

（3）前期使用化肥和有机肥过多，后期使用微生物或底改少，有机质被分解有限，导致肥料在池塘中积累。到了养殖后期，温度升高，pH 值升高，水体形成富营养化，蓝藻开始发生。

3. 预防蓝藻的发生

① 经常换水，保证水草的正常生长，使水草占池塘面积 50%左右。在养殖中期要注意对水草及时追肥，保持水体透明度在30～40 厘米。

② 前期如果螺蛳放养量不够，可在 6 月份增加一批螺蛳，一般总放养量在 250～300 千克/亩，并要保证螺蛳的质量。

③ 河蟹养殖前期尽量使用生物肥，减少化肥使用量，有机肥要通过芽孢杆菌和酵母菌进行发酵，在中期（5 月份以后）要定期在池塘中使用微生物制剂，后期肥水主要以氨基酸类肥料为主，每月配合使用 1～2 次枯草芽孢杆菌原粉和反硝化细菌原粉分解池底有机质。

4. 蓝藻的危害

① 蓝藻大量繁殖时，一方面抑制了养殖水体中有益浮游生物的生长繁殖，阻碍了其他藻类的光合作用；另一方面也阻隔了空气中的气体进入养殖水体，因而导致养殖水体中溶解氧严重不足，出现缺氧或者亚缺氧状态，引起河蟹及其他水产养殖动物发病甚至死亡。

② 蓝藻大量死亡也会败坏水质，而且产生大量藻毒素、羟胺及硫化氢等有害物质，直接危害河蟹及其他水产养殖动物的健康。

5. 降低池塘蓝藻量

池塘养殖过程中发生了蓝藻，很难彻底将蓝藻清除，但可以采取下列措施降低池中蓝藻量。

① 面积较小的池塘，可于有风天气在池下风处用竹竿或塑料管将蓝藻围到一个小角落里，然后用密网将蓝藻捞除。

② 降低池水 pH 值，可用有机酸和降碱灵将池水的 pH 值降低到 7～7.5。降低 pH 值应循序渐进，以防对河蟹及其他水产养殖动物造成危害。

③ 在晴天池塘的下风处，用适量硫酸铜、硫酸亚铁合剂或络

合铜制剂直接泼洒在池边的蓝藻藻团上，可以有效杀灭部分蓝藻（注意：药物泼洒面积不能超过池塘面积的 1/4，泼洒当天池塘要注意增氧，同时要密切关注池塘中水质以及河蟹的情况，特别是在夜间，要定时巡塘）。

④ 如果蓝藻大量暴发，有条件的可每天换水一次，把下风口的蓝藻排除，然后进行杀灭。蓝藻死亡后会产生蓝藻毒素，首先要解毒，可先换水 1/3，然后使用解毒剂以解除重金属和蓝藻毒素，同时使用免疫多糖和解毒高稳维生素 C 拌饵投喂，以增强河蟹体质，减少应激反应。一次解毒可能并不彻底，可连续使用 2～3 次。解毒后再改底，可连续改底 1～2 次，改底同时配合增氧效果更好。等水质情况稳定后再肥水重新培养有益藻类。

⑤ 放养部分鲢鳙鱼、螺蛳可减轻水体富营养化，从而控制蓝藻繁殖，也可放养部分罗非鱼，罗非鱼可直接摄食蓝藻。

⑥ 雨后对水体施用一定量的水质改良剂，并补充一定量的生物复合肥（500 克/亩），可使水体中的有益藻类在短时间内恢复繁殖与生长，抑制蓝藻繁殖（注意在水质改良剂泼洒前 3 小时要进行增氧）。

⑦ 在养殖水体中移植一定量的凤眼莲、满江红、水花生等水生高等植物，通过高等水生植物控制水体中的氮、磷含量，抑制蓝藻的大量繁殖。

⑧ 在加水或更换新水时要注意外河水质，如水源中有较多的青苔时应避免随加水带入蓝藻。

以上方法单一使用很难完全杀灭或控制蓝藻，应采用药物杀灭、生物制剂调水和底质改良剂改底，对水质和底质进行改良。通过综合防治措施，对蟹池中的蓝藻进行控制和治理，才能取得较好的效果。

三、水体混浊

池水混浊是河蟹养殖中的常见问题，短期的混浊对生产影响不大。但是长期混浊，直接影响了藻类和水草的光合作用，从而导致水体溶解氧不足，使得水体中的氨氮、硫化氢、亚硝酸盐等有害物质超标，水草生长发芽没有光照就易倒伏死亡，腐烂后败坏池塘水质，从而影响了河蟹的正常蜕壳生长。

1. 蟹池水体混浊的常见原因

① 投喂量不够，河蟹寻食活动引起。

② 寄生虫寄生使得河蟹烦躁不安，四处爬动引起。

③ 浮游动物轮虫偏多引起。

④ 小杂鱼多。

⑤ 池底溶解氧不足，河蟹爬动不安。

⑥ 水草不足或无水草，水体自净能力差。

2. 应对水体混浊采取的措施

① 若是投喂量不足引起的，则需要逐步增加投喂量，以第二天略有剩余为宜。

② 检查河蟹鳃丝及体表，若有纤毛虫寄生，可全池泼洒纤虫净等药物，大量寄生时，连泼两次。

③ 若水色发白，水体中浮游植物偏少，而浮游动物偏多，则要先杀虫（使用阿维菌素等），再肥水（使用氨基酸肥水膏等）。

④ 若是野杂鱼多引起的混浊，可在饲料中添加"清塘 2008"等予以清除。

⑤ 水草不足或无水草的池塘，可移植经过消毒处理的水花生入池。

四、水体富营养化

养殖水体中由于营养盐的增加而导致藻类和水生植物生产力增加、水质下降，造成水体富营养化。

1. 水体富营养化的危害

（1）有害藻类暴发 由于水体中粪便、残饵的堆积，微生物降解转化能力减弱，很多物质以大分子有机物形态存在，小型的藻类无法吸收利用，但是如裸藻、甲藻、蓝藻等有害藻类却能吸收利用，这种环境为有害、不良藻类提供了快速繁殖的条件。

（2）影响水体的感官性状　处于富营养化的水体中，蓝藻等大量繁殖，水体色度增加，水质混浊，透明度降低，并散发出腥臭味。

（3）产生有害物质　富营养化水体中许多藻类能够分泌、释放有毒有害物质，使水的品质下降。

（4）影响水体的生态环境　在富营养化污染的水体中，水体的氮源堆积过多，同时微生物转化能力不够，就导致了有机物质堆积，厌氧分解而产毒。大多数有害微生物都是厌氧菌，如果水体长期溶解氧不足，厌氧菌会快速大量繁殖，出现氨氮、亚硝酸盐、硫化氢等有毒有害物质大量沉积。水体富营养化致使水体氧缺乏，有益浮游生物匮乏，有毒有害物质增加，水生生物的稳定性和多样性降低，如遇阴雨天气，水体温度、酸碱度等发生快速改变，水体就会发生巨变——倒藻，造成养殖生物的应激反应加剧，导致疾病暴发，引起鱼类及其他水生生物大量死亡。

此外，还影响渔业等生物资源利用，使水体经济价值降低。

2. 常用的检测方法

生产上可以利用较为简单的仪器在现场直接测定或通过目测的方法对水体富营养化程度作大致判断。

（1）透明度测定法　用直径 30 厘米的白色瓷盘（也可将铁板或其他材料涂成白色代替）放入水中目测看不到时的深度作为透明度。因此，测定时间宜确定在每天 9～16 时。透明度能够大致反映出水体的富营养化程度，透明度越小，水体富营养化程度越高。有时虽然水体的富营养化程度较高，但测得的透明度仍较大，原因是：大型丝状菌类及水生植物大量繁殖，浮游藻类暴发性死亡，雨天浮游藻类下沉，水体受到重金属污染不利于藻类生长等。

（2）目测　通过肉眼观察水色，判断水质好坏与富营养化程度。水色是主要由池塘水体内的浮游生物（包括浮游植物和浮游动物）、有机质及悬浮物构成的总体所呈现出的颜色。辨认池塘水色并及时调控是水产养殖中的一门重要技术。

（3）典型的不良水质

① 绿色水体：水中氮含量大。

② 黑褐色或酱油色水：剩饵、残饵多，底质恶化，水体中以鞭毛藻、裸藻、褐藻等为主，养殖动物易发病。

③ 黄色水：池中积存大量的有机物经细菌分解，池水 pH 值下降时易产生此色，对养殖动物生长不利。

④ 白浊色水：主要含纤毛虫、轮虫、桡足类浮游动物、黏土微粒或有机碎屑。

⑤ 澄清色水：贫营养水或受重金属污染的水，不利于养殖。

3. 降低其危害建议采取的措施

① 光合细菌（30 亿/毫升）和硝化细菌（30 亿个/克），一次量，每立方米水体分别为 3～4 毫升和 2～3 克，全池泼洒，15 天使用 1 次，连用 2～4 次。

② 高效芽孢杆菌（50 亿个/克）和乳酸菌（30 亿个/克），一次量，每立方米水体分别为 0.3～0.4 克和 3～4 毫升，全池泼洒，10～15 天使用 1 次，连用 2～4 次。施用微生态制剂后要注意增氧。

③ 根据不同条件的富营养化水体，可按每立方米水体 50～80 克，投放鲢鱼、鳙鱼，比例灵活掌握。

④ 经常加注新水，10～15 天加水 1 次，一次加 20 厘米左右。

⑤ 用好增氧机（除水体缺氧、鱼浮头重点开机外，晴天每天中午、下午开机 2～3 小时），向水体增氧、搅动水体以及在池塘中种植水草等。

五、水体中硫化氢偏高

硫化氢（H_2S）是一种剧毒的可溶性气体，它对生物有严重的毒害作用。在铁盐不足、溶解氧过低，特别是水位、pH 值下降时，H_2S 含量极易过高。水体中硫化氢的来源主要是饲料残饵、水生生物的尸体和淤泥等在溶解氧缺乏时厌氧微生物分解而产生的。

当水体中硫化氢含量偏高时，主要的防治措施如下。

（1）解毒护水宝，一次量，每立方米水体用 $0.75\sim1.0$ 克，全池泼洒，一天 1 次，连用 2 天。

（2）优加益生菌和长效氧，一次量，每亩水体分别为 $333\sim400$ 克和 167 克，全池泼洒。

（3）促进水的垂直流转混合，打破分层停滞状态，避免底泥、尤其要避免底层水发展为还原状态。可采用增加池中溶解氧，一般采用机械增氧或化学增氧的方法，促使硫化氢氧化成硫酸盐。

（4）尽可能保持底质、底层水呈中性、微碱性（pH 值 $7.5\sim8.5$），为此可施用石灰，尽量避免底质、底层水呈酸性。

（5）施用铁剂，提高底质、底层水中 Fe^{2+}、Fe^{3+} 的含量，一旦有硫化物生成，可使其转化成 FeS，单质硫固定在底泥中，不致在水中积累造成危害。

（6）避免硫酸盐大量进入养殖水体。

六、水体水色发白

1. 池塘水体水色发白的原因

（1）在养殖前期通常是由于浮游动物过多或者浮游植物突然大批死亡，单细胞藻类不能正常生长所致。

（2）养殖后期因为天气突变、溶解氧缺乏、毒素增加、摄食投喂、消毒治病不当等，也可造成单细胞藻类非正常大量死亡，进而有害微生物大量繁殖或浮游动物繁殖过剩所致。

2. 水体水色发白主要的防治措施

（1）多开增氧机，然后排掉部分底层水并引进部分新水。

（2）使用驱氨净水剂、增氧剂、光合细菌。

（3）引进新藻种，并适当肥水。

（4）发白水体如果氨氮或亚硝酸盐的含量过高，应该先使用驱氨净水剂（如沸石粉、氯化铝），同时减少或停止投喂饲料。待大部分的浮游动物被摄食或死亡后，再引进部分新水，并进行肥水。

（5）对于轮虫等引起的水体发白，可先不间断增氧，次日清晨沿池塘四周泼洒杀虫剂并于上午增施磷肥。

（6）泼洒维生素 C 等，减轻水生动物的应激反应。

七、水体水色偏瘦

水体只有保持一定的肥度，才能维持水体中良好的物质循环和能量流动。对于偏瘦的养殖水体，常采取的措施是施肥，但应该注意施肥的方法。

（1）在池塘养殖中，往往采用施足有机肥、追施无机肥的方法。在春季多施氮肥，夏季多施磷肥，以磷促氮，这样既满足浮游植物对氮磷的吸收比例，又不使氨氮过分富集。

（2）在追肥时应把无机肥充分化开，选择晴天上午均匀泼洒，切忌泼洒后立即开启增氧机，以便营养成分被浮游植物充分吸收。

八、水体中亚硝酸盐偏高

正常养殖水体亚硝酸盐一般以不超过 0.1 毫克/升为宜，水体中亚硝酸盐过高就会导致水产动物摄食量降低、鳃组织出现病变、呼吸困难、躁动不安或反应迟钝，严重时则发生暴发性死亡，养虾过程中的"偷死"常常也是由于亚硝酸盐过高造成的。

在养殖的中后期，池塘中亚硝酸盐偏高是极其普遍的现象，这与养殖中后期投喂量增加、生物及氮的库存量增加，而硝化细菌自身繁殖相对较慢且生长易受到其他菌群的抑制有关。

针对亚硝酸盐过高，通常采用的防治措施如下。

① 开动增氧机或全池泼洒化学增氧剂，以促进亚硝酸盐向硝酸盐的转化。

② 使用氨离子螯合剂、活性炭、吸附剂、腐殖酸聚合物等配合成的水质吸附剂（如亚硝酸盐降解剂），通过离子交换作用，吸附或降解亚硝酸盐。

③ 使用芽孢杆菌、硝化细菌、光合细菌等微生物制剂，利用

活菌制剂加快亚硝酸盐分解、转化。

④ 偏瘦水体增施磷肥，以磷酸二氢钙为最佳，促使浮游植物对氮的吸收，偏肥水体用沸石粉或明矾加食盐全池泼洒。

⑤ 及时排换水，尤其是底层水和污水，及时清理池塘中的污物。

⑥ 消毒杀灭厌氧菌后，用沸石粉进行吸附。

第六章

河蟹饲料投喂方法

饲料是河蟹养殖生产中的重要投入，饲料营养配比以及饲料投喂技术是否合理，是影响河蟹养殖效果和环境生态效益的一个最重要的因素。目前对于河蟹不同生长阶段的营养需求和配合饲料的主要营养参数没有科学的技术规范，研究不深入，基础数据大量空白，加工和应用环节仍存在许多影响产品质量安全的不确定因素。

第一节
河蟹的营养需求

河蟹和其他动物一样需要蛋白质、脂肪、碳水化合物、维生素和无机盐等营养素维持其生命活动，了解河蟹的营养需求，有助于在河蟹养殖中对其生态环境进行优化及合理配制饵料。

一、蛋白质和氨基酸

1. 蛋白质

蛋白质是河蟹的重要营养物质及能量来源，是饲料成本中比例最大的部分。河蟹对饲料中蛋白质的要求较高，在其不同的生长阶段需求量有差异。

① 河蟹整个生长期从溞状幼体到成蟹对饲料蛋白质的需求量为48%～28%，其中溞状幼体阶段，饲料蛋白质需求量较高（达到45%～48%），大眼幼体到Ⅴ期仔蟹饲料中蛋白质的适宜需要量为45%～42%。

② 河蟹养成期饲料蛋白质需求量为28%～36%，养殖前期（3～6月），水温适宜，可投喂蛋白质含量为36%的饲料；养殖中期（7～8月），水温较高，河蟹生长缓慢，饲料蛋白质含量达到28%～30%即可；养殖后期（9～10月），为河蟹育肥期，此时水温适宜，河蟹摄食量较大，对饲料蛋白质需要量达到36%～40%。

2. 氨基酸

饲料中的蛋白质进入河蟹体内被消化成肽、氨基酸等小分子化合物。

① 河蟹所需的必需氨基酸有 10 种，即苏氨酸、缬氨酸、亮氨酸、异亮氨酸、色氨酸、蛋氨酸、苯丙氨酸、组氨酸、赖氨酸和精氨酸。

② 不同饲料蛋白源所含氨基酸组成不同，饲料中的氨基酸组成越符合河蟹需要，饵料效果越好，因此在养殖过程中使用多个品种的饲料原料，能更好地满足河蟹生长发育的需要。

二、脂类

脂类是河蟹细胞膜的主要成分，也是河蟹生长发育所需能量的主要来源，为河蟹提供必需脂肪酸、胆固醇和磷脂等，可以帮助脂溶性维生素的溶解和吸收。

1. 脂肪酸

研究表明，饲料中脂肪酸的组成对河蟹的生长、生殖和蜕皮都具有重要的影响。河蟹在不同的生长阶段、不同的生活环境对脂肪的需求量不同，在饲料中添加适量的脂肪，可提高饲料的可消化能量，起到节约蛋白质的作用，但有研究表明，过多添加会带来副作用。河蟹幼体至幼蟹阶段饲料中的脂肪需求量为 6%～8%，成蟹阶段饲料中的脂肪需求量为 3%～6%。

2. 磷脂

研究表明，在饲料中添加一定量的磷脂能加速仔蟹的蜕皮，对提高仔蟹的成活率有较显著的作用。河蟹合成磷脂的能力有限，需要从饲料中获取，在饲料中添加 1%～1.5% 的磷脂对促进河蟹生长发育、加速蜕壳有重要作用。

三、碳水化合物

碳水化合物包括糖类、淀粉和纤维素，所含的热量比蛋白质和脂类少，价格相对便宜。河蟹对碳水化合物的利用能力比蛋白质和脂类低，在河蟹饲料中搭配适当的碳水化合物饲料，能在一定程度上节约蛋白质、降低饲料成本，但是添加量过多会影响河蟹对饲料中蛋白质的消化吸收，阻碍生长。

1. 糖类

在河蟹生长初期，糖是决定成活率的主要限制因素，溞状幼体和幼蟹对饲料中糖的需求量分别为 20% 和 30%，在成蟹养殖过程中，糖含量为 7% 比较适宜。

2. 粗纤维

粗纤维一般不能被河蟹利用，饲料中添加适量的粗纤维可刺激河蟹消化酶的分泌，促进消化道蠕动，有利于对蛋白质等的消化吸收。配合饲料中纤维素含量过多，会影响河蟹对蛋白质的消化率和饲料效率，从而使蛋白质的利用率显著下降，影响河蟹的生长。研究表明，河蟹对粗纤维的需要量为 4%～8%。

四、维生素和无机盐

1. 无机盐

河蟹可以通过鳃从水体中吸收一定量的无机盐，但远远不够需求量，需要从饲料中添加。

河蟹生长过程中需要经历多次蜕壳，钙和磷是组成蟹壳的主要元素。此外，钙和磷还参与河蟹机体代谢，因此主要考虑钙和磷的含量对河蟹生长的影响。在生产实践中，配合饲料中钙和磷的含量：幼蟹期以前钙为 1.5%～2.0%，磷为 1.8%～2.5%，钙、磷比约为 1：1.2；成蟹期钙为 1.2%～2.0%，磷为 1.0%～1.8%，钙、磷比约为 1：0.9。

在养殖过程中定期泼洒生石灰和施用磷肥可以起到补充水体中钙和磷的作用，实际生产中可定期投施磷酸二氢钙。磷酸二氢钙易溶解于水，不但可以调节水质，而且河蟹可直接通过鳃表皮及胃肠内壁吸收，能相应加快河蟹蜕壳速度，对促进河蟹生长有较好的作用。一般每月1次，每次每亩施2千克左右，与生石灰进行交叉使用。

2. 维生素

维生素是维持动物生长、发育、繁殖所必需的一类用量极少而作用较大的低分子有机化合物，是一种必需成分。虾蟹类等单胃动物一般不能自身合成或者合成量很少，难以满足机体的需要，需要从饲料中添加。维生素缺乏会影响河蟹体内酶活性，导致河蟹体内代谢紊乱，抵抗力下降，影响其生长发育，甚至导致死亡。

按照物理性质可分为脂溶性维生素和水溶性维生素。脂溶性维生素中的维生素A可以增加河蟹对传染病的抵抗力，维生素D对促进钙和磷的吸收有作用，维生素E可以防止维生素A和脂肪酸的氧化，维生素K可以促进机体血液凝固。

水溶性维生素中的维生素C在河蟹体内参与几丁质的合成，影响蟹壳硬化，帮助组织创伤愈合以及增强机体对外界环境的抗应激能力和免疫力。研究表明，在饲料中添加3000~5000毫克/千克的维生素C可有效克服幼蟹的性早熟现象。维生素C在高温下容易被破坏，失去原有作用，在配合饲料生产中一般采用喷涂的方式添加维生素C。

第二节
河蟹的饵料种类

河蟹属杂食性动物，自然生长情况下主要摄食水生植物和小鱼虾、贝类及底栖生物。人工饲养条件下，当动物性饵料与水生植物同时存在时，河蟹喜食动物性饵料。养殖过程中，饵料是河蟹养殖的物质基础，其种类、质量及数量多少都直接影响河蟹的养殖效果。人工养殖河蟹时一般以配合饲料为主，天然饵料为辅。

一、天然饵料

河蟹喜欢摄食的、自然生长在水中和陆地上的各种生物，都可以作为河蟹的天然饵料，河蟹在生长发育过程中摄食的天然饵料（图 6-1）主要包括动物性饵料和植物性饵料。

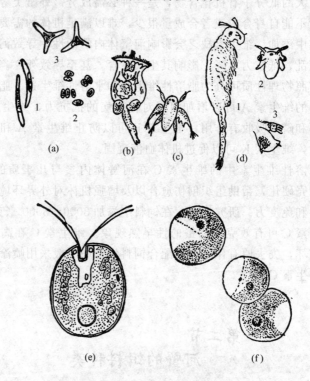

图 6-1 河蟹育苗的几种生物饵料

（a）三角褐指藻（1—梭形细胞；2—卵形细胞；3—三叉形细胞）；

（b）褶皱臂尾轮虫；（c）卤虫无节幼体；

（d）卤虫成熟雌体（1—整体；2—头部前面观；3—卵囊侧面观）

（e）扁藻；（f）小球藻

1. 植物性饵料

（1）浮游植物 河蟹喜欢摄食的浮游植物种类主要有蓝藻、硅藻、绿藻、金藻、黄藻、甲藻、裸藻等。藻类细胞含有丰富的蛋白质、维生素、钙、磷、纤维素等，B族维生素、维生素E、维生素K等含量很多，是蟹苗和早期幼蟹浮游动物的主要饵料。硅藻中的小新月菱形藻富含蛋白质、脂肪酸，特别是不饱和脂肪酸含量高，是良好的生物饵料，能促进河蟹发育，增强抵抗力。河蟹育苗生产中常用的植物性活饵料有三角褐指藻、扁藻、小球藻等单细胞藻类。浮游植物生活在池塘、沟渠、河流、湖泊、水库中，因此河蟹对多种藻类都能摄食。

（2）水生植物　水生植物包括苦草、轮叶黑藻、浮萍、马来眼子菜、水花生等水草。水草中含有少量的蛋白质、脂肪，含有丰富的钙、磷和微量元素，水草的茎叶中富含维生素C、维生素E和B族维生素。水草是河蟹饵料的主要来源，除了作为河蟹的天然饵料外，还可吸收氨氮净化水质，进行光合作用制造氧气，是河蟹蜕壳生长最佳的隐蔽场所，因此水草种植质量直接决定了河蟹生长的好坏。河蟹养殖池塘中种植的水草种类主要以轮叶黑藻、伊乐藻、苦草、黄丝草等沉水植物为主。河蟹对水草的摄取有一定的选择性，最喜欢摄取的是轮叶黑藻和菹草，然后是苦草、黄丝草、金鱼藻。养蟹池塘移植水草时要保证水草的多样性，同时注意移栽菹草，菹草是河蟹早春时节喜食的种类。养蟹池塘的水草一般在清明节前种植，在池塘中呈"井"字形栽种，水草覆盖率达到60%左右，保证整个养殖期间不脱草。

（3）陆生植物　陆生植物属于青绿饲料，包括黑麦草、苏丹草、茭白、芦苇根、豆类植物的茎叶和种子、各种瓜叶和菜叶。青绿饲料含有较多的水分和纤维素，同时含有丰富的蛋白质、钙、磷、维生素C、维生素E、维生素K、B族维生素和胡萝卜素，营养比较丰富。

2. 动物性饵料

（1）浮游动物　浮游动物包括轮虫、枝角类、桡足类等，为河蟹幼体提供丰富的动物蛋白源。轮虫作为河蟹幼体的活饵料，含有丰富的动物性蛋白质、矿物质和多种微量元素，可以提高幼体成活率，增强幼体体质，减轻有机物对养殖水体的污染，使育苗水体长期保持肥、活、爽。枝角类繁殖快，营养丰富，蛋白质含量高，氨基酸比较完全，是河蟹幼体比较理想的优质动物性饵料。目前培育蟹苗从Ⅰ期溞状幼体到Ⅴ期溞状幼体都可投喂轮虫，取得较好效果。

（2）底栖动物　底栖动物主要是螺蛳、蚬子、河蚌、水蚯蚓等。活螺蛳肉味鲜美，河蟹喜食，是比较理想的优质天然饲料。投喂活螺蛳是提高河蟹鲜美度的重要手段。螺蛳在河沟、湖泊中分布十分广泛，捕捞也比较容易。螺蛳容易养殖和繁殖，主要摄食浮游生物及腐败有机质，能有效地降低池塘中浮游生物含量，起到净化水质的作用，有利于河蟹生长。同时螺蛳繁殖较快，可作为河蟹饵料不断供给，而且螺蛳成本低，来源广，结合种植苦草能较好地控制池塘的水质，为河蟹提供清新的生活环境。河蟹养殖池塘在清明前后每亩投放经消毒的活螺蛳 200 千克，到了 5～7 月螺蛳开始大量繁殖，仔螺附着在水草上，是河蟹最适口饵料，正好适合河蟹旺长需要，其营养丰富，稚嫩鲜美，利用率较高；7～8 月份根据螺蛳存塘量再补投一次螺蛳，投放量每亩 150 千克左右。

二、人工饵料

人工饵料是指可以作为河蟹饵料的各种农副产品以及专门为河蟹养殖培育的各种鲜活饵料。人工饵料可以分为植物性饵料、动物性饵料和人工培育的鲜活饵料。

1. 植物性饵料

植物性饵料来源比较容易，主要有麦麸、青糠、黄豆、豆饼、小麦、玉米、花生饼、南瓜、山芋、瓜皮等，这些饵料含有比较丰富的粗蛋白质、粗纤维，少量的脂肪，氨基酸比较全面，营养丰富，易于消化，价格低廉，是河蟹的主要营养物质。需煮熟后投喂。

2. 动物性饵料

动物性饵料主要有蚯蚓、碎肉、小杂鱼（图 6-2）、螺贝类碎

图 6-2 淡水小杂鱼

肉等，含有丰富的动物性蛋白质，是河蟹生长的主要动物性蛋白质来源。新鲜的猪血、牛血、鸡血等都可以煮熟后晒干投喂。鱼、虾肉，成蟹可以直接食用，在培育幼蟹时要煮熟后投喂。

3. 人工培育的鲜活饵料

人工培育的鲜活饵料主要有螺蛳、蚯蚓、黄粉虫、蝇蛆、小杂鱼、蚕蛹等。鲜活饵料富含丰富的蛋白质，是河蟹非常喜欢摄食的最佳动物性饵料，对于河蟹育肥及增重作用比较大。鲜活饵料可以利用人工手段进行养殖，以满足河蟹养殖所需。收购及捕捞的螺蛳、鱼虾等要经过清洗消毒后再投喂，可用 3%～5% 的食盐水清洗 10～15 分钟。

三、配合饲料

配合饲料是根据河蟹的营养生理特点以及不同生长发育阶段的营养需要，把能量饲料、蛋白质饲料、无机盐和维生素等多种营养成分按比例配合，经过加工制作成的成品饲料。

1. 使用配合饲料的优点

（1）营养全面　配合饲料营养成分完全按照河蟹营养需求来搭配，饵料系数较低，一般在 1.8～2.5，提高了饲料中营养成分的利用率，营养更加全面平衡。配合饲料能适应河蟹各个不同生长期对营养成分的需要，大大提高河蟹的生长速度，提高饲料利用率，节省饲料成本，减少疾病，提高河蟹的养殖效益。

（2）保护水体环境　配合饲料在加工制作过程中经过了高温熟化加压处理，杀灭了原料中的病原菌，添加抗氧化剂和防霉制剂，投入水体后能保持相当长的时间不溃散，降低对水环境的污染。颗粒饲料经水浸泡后松、软，不易散失，而投喂冰鲜鱼易导致水体恶化，造成病害发生。

（3）减轻劳动强度　大量投喂冰鲜鱼需要建造冷库，经过长途运输等环节，劳动强度大，使用不方便；配合饲料易运输和储存，由于自动化投饵机的使用，相对来说减轻了一定的劳动强度。

（4）预防和治疗河蟹疾病　河蟹养殖池塘放养密度高，投饵和排泄物的增多容易导致水质恶化，导致各种疾病发生。使用配合饲料可以根据疾病发生的具体情况，添加有效的药物，加工工艺可以使药物饲料在水中保持良好的稳定性，达到治愈疾病的目的。在扣蟹培育过程中使用配合饲料，添加防性早熟制剂，可以解决幼蟹培育过程中出现的性早熟问题。

2. 配合饲料的种类

（1）初级配合饲料　也称混合料，是将多种能量饲料、蛋白质饲料和矿物质饲料等混合在一起，使饲料中的营养物质取长补短，接近河蟹的营养需要，这种饲料比喂单一的饲料好。

（2）浓缩饲料　是将蛋白质和添加剂饲料按一定比例配合在一起而成，用于使饲料营养平衡。一般在市场上购买，使用时和能量饲料混合使用。

（3）全价配合饲料　简称配合饲料，是通过对河蟹进行营养研究，根据河蟹不同生长发育阶段对各种营养物质的需要量，将各种饲料按照科学比例配制而成，能满足河蟹不同生长阶段全部营养需要，在使用这种饲料时不需要另加其他饲料。全价配合饲料与单一饲料相比提高了饲料利用率，能利用河蟹不易摄食的原料进行制作，扩大了饲料来源，改善了适口性。

3. 配合饲料的配制原则

（1）营养平衡　河蟹对糖的代谢能力低下，对蛋白质需要量较高。河蟹是变温动物，体温随水温的变化而变化，蛋白质代谢的废弃产物为氨氮，河蟹利用的基本上是蛋白质，所以又称河蟹料为蛋白质饲料。在饲料原料选择上应选择多种类的原料相配合，尽量达到蛋白质和氨基酸的平衡。各种饲料原料营养价值各有所长，互相配合，取长补短，一般比单一饲料的营养价值高。还应适当选用添加剂，改善饲料的营养成分，提高饲料的养殖效果。

（2）考虑摄食方式　河蟹摄食为抱食，是利用两只大螯将饲料送入咀嚼器中磨碎，然后才进嘴里。因此，要求河蟹饲料在水中溶散时间必须在2小时以上，要求配合饲料具有较强的黏合性。配合饲料需添加黏合剂，以减少摄食过程中饲料的散失。饲料中必须添加蜕壳素，以防河蟹因缺乏蜕壳素而不能蜕壳。

（3）经济性原则　配合饲料在筛选饲料配方时，应谋求最大的经济效益，既应考虑到原料的来源和价格，又要利于储藏、运输和使用。

4. 配合饲料调制方法

（1）先将维生素添加剂、微量元素添加剂或抑菌促生长添加剂、抗氧化剂、香味剂等混入载体或稀释剂。一般用玉米粉、麦麸等作载体，形成预混剂。

（2）在预混剂中加入蛋白质饲料，一般是饼粒、鱼粉和肉粉等，形成浓缩料。

（3）在浓缩料中加入能量饲料原料，通常用玉米、大麦或其他谷物饲料，这样就形成所需要的配合饲料。

5. 配合饲料使用注意事项

（1）全面了解饲料组成成分　饲料在投喂之前，要认真阅读饲料标签，了解饲料的营养组成（包括蛋白质含量、使用方法和注意事项等各方面）情况，了解饲料中是否含有药物和含有药物的种类，从而决定在饲喂时哪些药物不能再使用，同时要搞清楚河蟹饲料使用的阶段，保证能够正确使用。

（2）饲料存放时间要短　饲料中有些成分（如维生素）存放过程中有失效现象，因此存放时间不能过长。注意饲料购买数量不能过多，一般从生产之日起到全部用完，全价饲料不能超过 15 天，浓缩饲料不能超过 30 天，预混料不能超过 3 个月。

（3）饲喂量和次数要适当　河蟹池塘投饵时要保证河蟹基本吃饱不剩料。投喂量过多，会导致水质恶化。河蟹的投饵时间、地点必须固定，一般每天饲喂 2 次，上午、下午何时投饵，必须预先合理制定。坚持投饵制度不变，有利于河蟹对营养物质的消化、吸收和利用。

四、饲料添加剂

饲料添加剂是指在饲料生产加工、使用过程中添加的少量或微量物质，在饲料中用量很少但作用显著，在强化基础饲料营养价值、提高河蟹生产性能、保证河蟹生长健康、节省饲料成本、改善品质等方面有明显的效果。主要作用是补充配合饲料中营养成分的不足，提高饲料利用率，改善饲料口味，促进河蟹正常发育和加速生长。饲料添加剂分为营养性饲料添加剂和非营养性饲料添加剂。

1. 营养性饲料添加剂

营养性饲料添加剂是对饲料营养成分的补充，保证动物生长所需的所有营养成分，以满足其营养需要。包括氨基酸、维生素和矿物质。

2. 非营养性饲料添加剂

非营养性饲料添加剂是在饲料主体物质之外，用来保持饲料质量，改善饲料结构等，可以帮助河蟹消化吸收、促进生长发育的一类物质，包括生长促进剂、促消化剂、益生菌制剂、诱食及抗氧化剂、黏合剂等。

（1）促生长剂　主要是通过刺激内分泌系统、调节新陈代谢、提高饲料利用率来促进河蟹的生长。

（2）酶制剂　促进饲料中营养成分的分解和吸收，提高其利用率，多数从植物中提取或者微生物发酵。主要作用是促进饲料消化吸收，促进河蟹摄食和生长，提高饲料效果，减少排泄物中营养成分的含量，改善消化系统，有一定的消炎作用。

（3）黏合剂　主要用于加工颗粒饲料，用于改善粒料品质，保证饲料营养全价且能防止散失污染。黏合剂多为糖类和蛋白质，具有良好的适口性和诱食性。在饲料制作时要考虑黏合剂与饲料其他成分的相互作用，看是否破坏营养成分。

（4）微生态制剂　利用有益微生物，通过鉴定、筛选、培养等一系列工艺制成的生物活性制剂，具有抗病、促生长、提高饲料利用率、无药物残留等优点。使用微生态制剂可以在河蟹体内形成优势菌群，形成肠道微生物系统，促进河蟹饲料的消化吸收。

第三节
科学投喂

科学的饵料投喂是河蟹快速生长的保证，河蟹不同生长阶段、生长季节，饵料种类不同，投饵方式、方法也不同，在实际操作中要根据河蟹吃食情况，随时调整。

一、投喂原则

根据天气的变化和水温的升降，把握好饲料的种类、结构配比、质量与使用量，达到投喂量足、饵料适口、适合需要、营养全面的目的。河蟹饵料投喂坚持"荤素搭配，两头精中间粗"以及"四定"（定时、定位、定质、定量）和"四看"（看天、看季节、看生长与吃食性情况、看水质变化）原则。

1. 投饵"四定"原则

（1）定质　饵料要求新鲜、适口性强、营养价值丰富。植物性饵料要求处理清洗干净后投喂。动物性饵料要求新鲜，腐烂变质饵料不能投喂。冰鲜饵料鱼解冻后含有致病菌较多，河蟹摄食后易患肠炎和肝胰脏肿大，不能直接投喂，应该煮熟后投喂。小麦、黄豆、玉米等应煮熟后投喂。投喂的配合饲料应是颗粒状的，蛋白质含量前、后期高些，中期可以低些。不能投喂粉状饲料，配合饲料必须添加蜕壳素、胆碱和磷脂。除配合饲料外，动物性饵料和植物性饵料品种应经常更换，确保营养物质全面。

（2）定量　投饵应保持一定的数量，不能忽多忽少，投饵量应根据天气、水质、水温等条件灵活掌握，在投饵后观察河蟹吃食情况，确保 2 小时内吃完为宜。在疾病的暴发季节，要适当减少投饲量，一般为平时的 80% 左右。

（3）定时　河蟹有昼伏夜出的生活习性，因此，投喂时间应以傍晚为主，白天为辅。河蟹摄食强度随季节、水温的变化而变化。3 月水温 10℃ 以上时，每周投喂 2 次，以动物性饵料为主，尽快给河蟹开食。4～5 月水温 15℃ 左右时，每隔一天投喂 1 次，以植物性饵料为主，动物性饵料为辅。6～8 月水温达到 20℃ 以上时，每天投喂 2 次，其中上午 9 时一次，投喂量占全天总量的 30%；下午 6 时一次，投喂量占全天总量的 70%；以植物性饵料为主，搭配配合饲料和少量动物性饵料。9～11 月，加大动物性饵料投喂量，为河蟹育肥打基础。

（4）定位　养成给河蟹定点吃食的习惯，既可节省饲料，又可观察河蟹吃食、活动情况。可将饲料撒在接近水位线浅水处的斜坡上，以便观察河蟹吃食、活动情况，随时增减饲料。沿池边浅水区定点"一"字形摊放，每间隔20厘米设一投饵点。河蟹有较强的争食性，饵料要均匀投放，投饵面应尽量扩大，避免弱小的或者体质不健壮的河蟹因抢夺饲料而相互残杀。做好食场的消毒工作，用漂白粉、强氯精、二氧化氯等药物，每隔2周对食场进行泼洒消毒。

2. 投饵"四看"原则

（1）看季节 根据河蟹生长季节的不同划分为不同养殖时期，按照"荤素搭配，两头精中间粗"的原则进行投喂。6月中旬前，动物性、植物性饵料比为60：40；6月下旬至8月中旬，动物性、植物性饵料比为45：55；8月下旬至1月下旬，动物性、植物性饵料比为65：35。在放养初期（2～3月），水体温度低，河蟹摄食量少，可用少量鲜活饵料开食。养殖前期（3～6月），以投喂配合饲料和鲜鱼块、螺蚬为主，同时摄食池塘中自然生长的水草。饲养中期（7～8月），为高温天气，应增加小麦、水草，玉米等植物性饵料的投喂量，减少动物性饲料投喂数量，防止河蟹过早性成熟和消化道疾病的发生。饲养后期（9～11月），气温适宜，是河蟹后期生长和育肥的关键时期，此时要以动物性饲料和颗粒饲料为主，可以适当搭配少量植物性饲料，以利体内脂肪的积累和性腺的发育。

（2）看水质 观察河蟹养殖池塘，水质清新，透明度大于50厘米时可多投；水质肥，浮游植物数量多，透明度小于30厘米时应控制投饵数量，并及时换水。

（3）看天气 天气晴朗时水体温度高，可以多投喂；阴雨天气，气压低，应少量投喂，闷热天气，雷雨前要停止投喂，有雾天气等雾散去再投喂。

（4）看河蟹吃食情况 每天早晨巡塘时，检查河蟹吃食情况，一般在投喂后2小时内吃完，如投饵后，食场上的饵料很快吃完，说明投饵量不足，可适当增加投饵量；如果剩余量较多，要引起重视，说明河蟹食欲不旺或者投喂量过多，要及时分析原因，减少投饵量。蜕壳时应增加投饵量。

二、投饵量

河蟹能摄食养殖水体中多种动物、植物资源，加上气温变化、溶解氧高低、水体有机质多少和河蟹成活率变化等因素，河蟹投喂量有一定的不确定性，养殖成功与否主要取决于水草种植、螺丝投喂、饲料投喂三个方面。

1. 全年饲料总量的计算

根据年初放养量、预计成活率和预计产量，计算出全年所需饲料量。

全年所需饲料量＝（预计产量－放养重量）×饲料系数

投喂颗粒饲料和冰冻海鱼的饲料系数分别约为 2.2 和 5。确定了全年饲料量就能避免在饲料投喂上出现大的误差。上半年投饵占总量的 30％～35％；7～11 月份占总量的 65％～70％。

2. 月饲料分配量

河蟹摄食量在不同季节和不同的生长期差别较大，因此各月投饵量有较大差别。根据养殖生产经验，各月饲料分配比例见表 6-1。

表 6-1　河蟹饲料月分配表

月份	1 月	2 月	3 月	4 月	5 月	6 月	7 月	8 月	9 月	10 月	11 月	12 月
占比例/％	0	1	2	4	10	14	16	18	22	12	1	0

各月的饲料量＝全年饲料总量×相应月份的分配比例

每月饲料量不能按天数平均分配，在 4 月、5 月、6 月、10 月四个月因天气和生长的变化，上旬、下旬的投喂量相差较大。每个月的饲料用量确定后，参考该月前后两个月的饲料量，把该月的饲料量分配到上旬、中旬、下旬三个阶段。

3. 日投饵量确定

蟹种至成蟹的日投饵量为在池蟹总重的 8％～10％，动物下脚料按占颗粒饲料的 10% 左右投喂。3 月下旬至 5 月上旬，日投饲量为占河蟹体重的 2%～3%；5～6 月，日投饲量调整为占河蟹体重的 3%～8%；6～9 月日投饲量占河蟹体重的 8%～10%；9～11 月，日投饲量逐渐调整为占河蟹体重的 10%～5%。河蟹体重计算方法：每月随机取河蟹 20～30 只，称重量，算出每只均重，以每只均重乘以其全池河蟹的总数，即为河蟹当月的总体重。养殖至 5～6 月估计死亡率为 10%；7～8 月大约在 20%；9～10 月在 30% 左右。

实际生产中河蟹投喂不能完全按照理论计算量来投喂，在早晚巡塘时观察摄食情况以及天气、水温、水质等情况，合理调整。

三、投喂方法

1. 河蟹放养初期投饵

在河蟹苗种放养初期要加强饲料投喂，以适口的动物性饵料为主，主要投喂轧碎的新鲜螺蛳肉、蚌肉。适当投喂植物性饵料，投喂粉碎的玉米和鲜杂鱼时，要煮熟后投喂。投喂数量根据蟹苗摄食情况来定，蟹苗吃完再投喂，可保持水质清新。早上增加巡塘次数，及时观察蟹苗吃食情况，要根据蟹苗生长情况及时调整投饵量和饵料大小。

2. 成蟹养殖期投饵

(1) 注重基础饵料的投放　投放基础饵料主要是种植水草（图 6-3）和螺蛳，种草是养好蟹的关键。江苏省兴化地区常见的栽草方法有，在池塘进水时，移栽伊乐藻和轮叶黑藻，采用全池切茎分段移栽，东西为行，南北为间，行间距 4～5 米，同时每亩播种苦草草籽 1 千克，保持水草覆盖面达到 60%。螺蛳是河蟹养殖早期比较好的开口饵料，同时具有净化水质的作用，清明前，每亩投放经消毒的活螺蛳 200 千克左右，全池均匀抛撒；7～8 月份再补投一次螺蛳，投放量每亩 150 千克，施用生物肥料、有机肥料。一般在投放螺蛳后第 3 天，水质变得清澈，透明度可达到 50～60 厘米。

图 6-3　蟹塘水草种植

（2）河蟹蜕壳期间加强投喂　在河蟹开始蜕壳前每亩泼洒生石灰 7～8 千克，以增加水体中钙含量，提高水体 pH 值。河蟹蜕壳区及时移栽补充水花生等水草，给河蟹蜕壳提供隐蔽的场所。河蟹蜕壳前投喂专用配合饲料，加大动物性饵料的投喂量，动物性饵料比例占投饵总量的 1/2 以上，保持饵料的适口性和充足，避免河蟹残食软壳蟹。增加投喂蜕壳素，确保河蟹蜕壳时有足够的营养。

（3）高温季节投喂　7～9 月份高温季节，河蟹新陈代谢加快，摄食量大，做好饵料投喂工作，对增大商品蟹规格、增加产量非常关键。高温季节，饲料容易变质，尤其要确保饲料的新鲜度。投喂的饵料要以植物性饵料为主，搭配动物性饵料，投饵量占池塘内河蟹体重的 6%～8%，投饵做到"四看""四定"，多点投喂，上午、下午各投喂一次，上午投放在深水区，下午投放在浅水区，每天具体投喂数量和次数要根据虾、蟹摄食快慢、天气、水温、水质等情况灵活掌握，天气晴朗，水中溶解氧高时可多喂，天气闷热水质恶化或虾、蟹食欲下降摄食速度减慢，可少喂或停喂，水体混浊或水草被大量夹食，可能饲料投喂不足，应增加投喂量。一般在 1~2 小时吃完为宜，及时捞除剩余饵料以免污染水质。

（4）河蟹育肥阶段投喂　9 月份是河蟹育肥阶段，应增加动物性饵料的投喂量，一般每亩投喂冰鲜鱼不低于 3 千克，饵料投喂过程中要添加磷酸二氢钙。动、植物饵料合理搭配，以动物性饵料为主，投喂量占到投饵总量的 70% 以上。投喂的配合饲料要求蛋白质含量在 40% 以上，日投喂量占存塘蟹体重的 5% 左右，每天投饵 2 次，傍晚投喂量占总投喂量的 70%。

（5）科学投饵防病治病　预防蟹病要求投喂的饵料新鲜、适口，防止霉变、腐坏。吃不完的饵料及时捞出，防止败坏水质。平时定期用 30% 的食盐水浸泡饲料 30~40 分钟进行消毒。定期添加蜕壳素能促进河蟹同步蜕壳，减少互相残杀，促进生长期内多蜕壳，提高上市规格。河蟹发病期间，在饵料中添加板蓝根、EM 菌等药物，内服外用效果好。定期泼洒生石灰，以增加水体钙质，提高水体透明度。勤换水，能提高河蟹摄食量。饵料利用率和转化率。

3. 河蟹暂养期投饵

河蟹暂养是养殖户为提高成蟹品级，便于并灵活优价入市，对早期捕捞的河蟹集中在池塘里暂养一段时间，经过暂养的河蟹增肥、增重，从而可提高经济效益。河蟹暂养密度一般每亩 150~200 千克。由于暂养水体小、水质差、水体交换慢、密度较高，暂养期间要加强管理，投喂新鲜适口饵料，确保荤素搭配，动物性饵料占 60%，种类包括小杂鱼、螺蛳等，植物性饲料有山芋、南瓜、小麦、玉米、黄豆等。根据河蟹摄食情况及时调整投饵量，水温 20℃ 以上日投饵量为暂养蟹重量的 4%~6%，水温 10~20℃ 时减半，10℃ 以下不投饵或数天少量投喂一次。

4. 混养模式下饵料投喂

（1）蟹池混养青虾　青虾投喂方面，在前期应施肥料培育浮游生物。沿池边浅水处四周投喂，坚持 4 小时内吃完的原则。养殖中期，除池塘水草满足青虾、河蟹的吃食生长外，还需要添加植物性饲料和虾蟹颗粒饲料，确保河蟹吃饱吃好。河蟹育肥期增加蛋白质含量较高的饲料。在保证河蟹食量的前提下，尽可能增加青虾喜食的饵料量，可多投喂蛋白质含量高的粉末、细粒状饵料。总投喂量可比单一养蟹稍微高一些，以满足青虾的需要，这样对蟹、虾的生长都有利。具体投喂时，还应根据虾蟹具体摄食情况进行增减投喂量，尽可能利用蟹池中的天然饵料，防止浪费饵料，败坏水质。

（2）河蟹、小龙虾混养　河蟹和小龙虾均为杂食性，摄食喜好相近，种好水草，投喂螺蛳是养好虾、蟹的关键环节，有利于虾、蟹栖息、觅食、隐蔽、蜕壳、生长。水草条形种植，面积要达到池塘面积的 60%～70%。清明前每亩投放 300～400 千克活螺蛳，让其自然繁殖。生长季节，根据情况适当补放一些活螺蛳，以弥补虾、蟹的天然动物性饵料的不足，有利于河蟹生长、蜕壳。河蟹和小龙虾混养容易互相残杀，在生产中要准确掌握池塘中河蟹和小龙虾的数量，投足饲料，避免河蟹和小龙虾吃不饱发生残杀现象。饲料投喂仍然遵循"两头精、中间粗"的原则。在大量投喂饲料的同时要注意调控好水质，避免大量投喂饲料造成水质恶化，引起虾、蟹死亡。

（3）蟹池套养南美白对虾　南美白对虾属杂食性，主要摄食河蟹的食物残渣、有机碎屑、小型浮游生物等。蟹池套养南美白对虾，3～4 月份池塘中尚未投放南美白对虾，只有河蟹，按河蟹的常规养殖方法进行投饲管理。5 月放养南美白对虾后，将河蟹饲料逐渐改为南美白对虾饲料，日投饲 2 次，5～9 月份投喂南美白对虾饲料，在饲料中添加维生素 C，可提高南美白对虾的抗应激能力，河蟹不再单独投喂配合饲料。9～10 月，南美白对虾将逐步起捕干塘，开始转向河蟹的后期管理，投喂河蟹饲料进行河蟹的育肥。

（4）蟹池套养鳜鱼　河蟹、鳜鱼养殖环境要求基本相符，鳜鱼摄食池塘中的野杂鱼，提高了饲料利用率。利用河蟹与鳜鱼互不相残且互补的关系，充分利用水体空间和饵料资源，增加单位面积产量，实现高效生态养殖。一般在5月下旬放养规格5~7厘米的鳜鱼苗，每亩放养量在10~20尾，鳜鱼的饵料鱼来源主要有注水时带进的野杂鱼以及池塘中培育的饵料鱼，不能随意扩大鳜鱼放养量，鳜鱼放养数量增多需要定期投喂饵料鱼，饵料鱼会争食河蟹饲料，相对管理也有难度。鳜鱼饲养管理方面，要及时观察鳜鱼活动情况、生长情况和饱食度，确定是否要补充饵料鱼，也可以用网兜在水草处抄捞，如果捕不到野杂鱼或者很少，就要补投野杂鱼。饲料投喂主要按照河蟹养殖来投喂，采取"两头精中间粗"、荤素结合的方法投喂，放养初期以新鲜小鱼和颗粒饲料为主，中期以颗粒饲料搭配青绿饲料，后期加大动物性饵料的投喂，以利蜕壳和育肥，按河蟹重量的7%左右安排饲料日投喂量。鳜鱼对溶解氧要求高，容易浮头，因此要勤换水，及时开启增氧机，同时密切观察饵料剩余情况，及时调整投喂量，定期泼洒微生物制剂。

（5）稻田养蟹　稻田养蟹（图6-4），河蟹能清除稻田杂草和部分害虫，促进水稻生长；稻田又为河蟹生长提供一个良好的环

图6-4　稻田养蟹

境，达到互利共生。养蟹稻田，宜选用耐肥力强、秸秆坚硬、不易倒伏、抗病害的水稻品种，采用宽行密株栽插。稻田养蟹模式有三种：一是以培育蟹种为主，将蟹苗培育成规格为每千克400只的蟹种；二是以养殖商品蟹为主；三是以暂养育肥为主，放养规格每只50～100克的蟹种，进行高密度精养催肥，年底可育成较大的商品蟹。稻田中的底栖生物和浮游生物均可被河蟹食用，因此稻田中的自然饵料资源对河蟹生长尤为重要，稻田养殖河蟹投饵量要适宜，投喂太少，河蟹容易自相残杀，投喂太多既浪费成本又污染水质。蟹苗期投喂蛋黄、蚕蛹粉；成蟹养殖期，每亩水面投放300～400千克螺蛳，也可投放抱卵虾，利用繁殖的仔虾作为河蟹饵料，同时可增加虾的产出。投喂稻谷、米糠、南瓜、玉米等植物性饲料及鱼粉、冰鲜鱼、动物内脏等动物性饲料。投喂应做到定时、定位，根据水温、季节及河蟹的不同发育阶段，合理喂料。6～9月河蟹养殖高峰期，提高水草、蔬菜等青绿饲料比重，适当投喂精料。9月下旬到10月份，为河蟹育肥期，加大动物性饲料比重，日投喂量为体重的3％～8％，每天投喂2～3次。

第七章

河蟹病害防控及渔药使用

近年来，随着河蟹养殖的规模化、集约化程度的提高，养殖水体环境日益恶化，河蟹的病害问题日趋严重，已成为制约河蟹养殖发展的重大障碍。在河蟹养殖生产实践过程中，对养殖河蟹的发病原因及其防治技术进行了深入的探讨，在治疗时可以做到对症下药，提高河蟹病害防治效果。

第一节
河蟹养殖过程中的发病原因

河蟹在野生状态下抗病力很强，较少生病。而池塘养殖的河蟹其抗病力明显减弱，发病率居高不下，新的病种不断出现。造成这种现状的原因是多方面的，既有种质退化、营养失衡造成的免疫力下降，又有水体环境恶化、大量病原微生物入侵和人为的操作失误等因素。这些因素又常常是共同作用，从而导致河蟹发病。因此，在分析河蟹的发病原因时，要综合考虑，仔细鉴别。

一、种质退化，抗病力下降

近年来，由于野生种蟹资源的缺乏，人工繁育的蟹苗成为当前河蟹养殖的主要蟹种来源。一些育苗厂直接采用同一池塘、同一亲本的雌雄蟹作为亲本，进行近亲交配；更有一些企业为降低成本，选用发育不完全的早熟蟹或个体较小的成蟹作为繁殖亲本。这些做法，导致河蟹种质严重退化，繁殖的后代不但个体小，而且抗病力也一代不如一代。针对近年来由于近亲繁殖、种质退化造成河蟹的抗病力下降的现象，育苗企业应重视亲蟹的选育，尽量选择不同来源的雌雄个体种蟹，重量在125克以上。有条件的企业应考虑从天然水体中引入野生原种，严格抱卵蟹的科学管理，保证胚胎的健康发育，从而最大程度地避免种质退化，提高河蟹自身的免疫力。

二、投饵不当，营养失衡

河蟹的正常生长及免疫功能需要全面的营养物质作保障。人工投喂饵料的营养结构与河蟹在野生状态下摄食的食物有很大差别，某一营养物质的欠缺或过量均会造成相关功能的紊乱、失调，导致免疫力减弱；投饵不足、营养缺乏不能满足河蟹正常生长发育所需，使河蟹生长缓慢，身体瘦弱，免疫力下降；投饵过多，尤其是一些养殖者为了提高河蟹的生长速度，过多地投喂新鲜的动物性饵料，使河蟹的营养过剩，促进性早熟，影响其正常的生长发育，导致河蟹提早死亡。

三、消毒不严，外来病原微生物入侵水体

河蟹养殖生产中的消毒包括蟹种、蟹池、水体、饵料及用具的消毒。

1. 蟹种的消毒

无论是自繁的蟹种还是异地购买的蟹种，均可能带有致病微生物，一旦条件适宜，便大量繁殖，从而引发疾病，所以放养前应进行严格的消毒。

2. 蟹池的消毒

不论新池、旧池，在放养前均应进行彻底消毒，尤其是曾经发生过蟹病或养殖多年的蟹池，底泥较厚，藏有大量的致病性微生物，如果放养前不进行彻底清淤、消毒，那么必将给放养后的河蟹留下隐患。

3. 水体的消毒

随着集约化养殖水平的提高，大量的河蟹排泄物、死蟹尸体和残饵的腐败分解，导致厌氧菌大量繁殖，产生有害物质和气体，如果平时不经常对水体进行消毒，则容易造成蟹塘水体污染。在水温高时、吃食旺季、疾病流行季节更易发生这种情况。

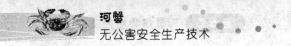

4. 饵料及工具的消毒

投喂新鲜动物性、植物性饵料（螺肉、小鱼、水草等），为图方便、快捷，往往未经消毒直接投喂；日常使用的工具，未经消毒直接进入蟹池。这样就会大大增加致病微生物进入水体的机会，对河蟹的生存构成威胁。

四、放养密度过大

养殖户受经济利益驱动，不考虑养殖水域的承受能力，在有限的水体内过多地增加养殖密度，养殖量超出了养殖水域的生态容纳量，破坏了水域的生态平衡。伴随着河蟹密度的增大，投饵量、残饵及河蟹排泄物必然增多，水质严重污染。同时河蟹的自由活动空间减少，使河蟹的抗病力下降，一旦发病，相互传染的机会也大大增加。在正常情况下，蟹塘放养蟹种规格 120～200 只/千克；放养量为 800～1200 只/亩，然而，有的河蟹养殖户不顾自身的条件，随意增加放养量，有的河蟹养殖户放到 1800 只/亩，更有甚者，放到了 2500 只/亩以上。这样大的放养密度，若池塘条件、机械设备、养殖管理水平等跟不上，养殖效益就一定不会好，只会招致更大的失败。

五、水体环境恶化

水体环境恶化包括池塘内水体的水质恶化和池塘周围水域水质的恶化。

1. 池塘内水体的水质恶化具体表现

① 农村地区，由于大量生产和生活废弃物未经处理而直接排入各种水体中，加之公共卫生设施跟不上发展的需要，农村大量人口饮用不安全卫生水。而饮用水源的恶化，同时受威胁的不仅仅是农村，这也从根本上影响了我国所有人的生活用水环境。

② 农村乡镇企业环境污染严重，农业生产方式改变加重各地水环境压力，比如太湖流域地区以种桑、养殖、种稻为主，改革开放以来，随着乡镇工业的异军突起，农业用地大量转为工业用地。

这一方面加重了我国土地危机，另一方面更是因为工业固体废物的排放堆存不仅占用大量土地，并对空气、地表水和地下水产生二次污染，其危害和影响更加隐蔽和长远。

③ 随着点源污染的控制，农业面源的污染已成为水环境污染、湖泊水库富营养化的主要影响因素。农业面源污染主要来自农业措施中使用的化肥和农药残留物被雨水淋溶后随径流进入水环境，以及水土流失过程中土壤养分和有机质随泥沙一起被带入水环境。

④ 迅速发展起来的集约化养殖场的污染以及居民生活污水和废弃物的乱排乱堆。

农村地区粗放、外延性的经济增长模式，致使农村乡镇企业环境污染严重，面源污染严重，化肥、农药的大量施用，污水灌溉，集约化养殖场的污染，居民生活污水和废弃物的污染。

城市地区在加入 WTO 后的开放环境下，中国工业发展战略的调整应以产业结构战略为中心和依据，对外贸易战略和利用外资战略的取向应适应和服从产业结构战略的取向。这在一定意义上有利于缓解我国水资源现状，提高我国在国际上的综合竞争力。但是由于城市不合理的生活用水，工矿企业排污不当等原因，我国城市地区水资源现状依然面临着严峻的挑战。

2. 池塘周围水域水质恶化的具体表现

① 随着我国工业的发展，人工合成的有机物越来越多。有机物大致可分为两类：一类是天然有机物；另一类是人工合成有机物。有机污染物本身有一定的生物积累性、毒性和致癌、致畸、致突变的"三致"作用，一些有机物对人的生殖功能产生不可逆的影响，是人类的隐形杀手。这些污染物与水体集合后对人类的影响非常严重。

② 城市生活污水逐年增加，污水处理设施建设严重滞后。生活污染源主要是城市生活中使用的各种洗涤剂和污水、垃圾、粪便等，多为无毒的无机盐类。生活污水中含氮、磷、硫多，致病细菌多，这在很大程度上导致了一些地区流行病的传播。

③ 工业引起的水体污染最严重。如沿海及河口石油的开发、油轮运输、炼油工业废水的排放等造成水体的油污染，当油在水面形成油

膜后，影响氧气进入水体，对生物造成危害。此外，油污染还破坏海滩休养地、风景区的景观与鸟类的生存。同时各种工业废水、工业冷却水、工业废弃物存放引起的水体恶化等都影响很多人的身体健康。

④ 区域经济发展和区域环境容量不相适应，也是造成水环境污染的重要原因。以往在确定地区产业发展方向、地区生产力布局时，往往忽视了区域环境容量。

⑤ 地下水危机加重。由于城市用水量加大，只有抽取大量地下水，进而造成了地下水位下降。同时由于不能很好地排放生活污水，使其渗入地下与现有地下水混合而加重了污染程度。

⑥ 大量的面源污染问题尚未找到解决途径，这在一定程度上加深了污染的影响程度。

综上所述，随着集约化养殖程度的提高，放养的密度越来越大，河蟹的排泄物、残饵必然增多，在水中腐败、分解。如果不能加强水质监管，由于换水次数少，再加上池中水草不多，自身净化能力差，导致水体氨氮含量增高，溶解氧下降，水质恶化。另外，在人口不断增加、工农业生产飞速发展的今天，对环境的保护没有得到应有的重视，含大量有毒物质的工农业生产废水、生活污水未经任何净化处理就被排入到江、河、湖、海之中，导致养殖用水污染，威胁到河蟹的生存。在严重恶化的水环境中，不但河蟹生长缓慢，免疫力和抗病力下降，而且使条件性的病原微生物得以大量繁殖，毒力增强，甚至成为致命性的病原，从而引起河蟹疾病的暴发流行。

第二节
河蟹病害防控

一、河蟹病害的预防

1. 改善河蟹的生存环境

（1）建设符合防病要求的养殖场（或池塘）

① 在建场前首先要对场址的地质、水文、水质、气象、生物及社会条件等方面进行综合调查，在各方面都符合养殖要求的才能建场。

② 水源一定要充足，水的理化性状要适合养殖动物的生长，不被污染，不带病原体（尤其是目前尚无法治疗的）。

③ 在设计进排水系统时，应使每个池塘有独立的进排水口，即各个池塘能独立地从进水渠道进水，并能独立地将池水排到排水沟里去，不能从相邻的池塘进水或将水排入相邻池塘。

④ 有条件的（尤其一些特种水产养殖），如能配备蓄水池就更理想，水经蓄水池沉淀、自行净化，或进行过滤、消毒后再引入池塘，就能防止从水源中带入病原体。

（2）采用理化方法改善生态环境

① 清除池底过多的淤泥，或排干池水后池底进行翻晒、冰冻。淤泥不仅是病原体的滋生和储存场所，而且淤泥在分解时要消耗大量氧，在夏季容易引起泛池；在缺氧情况下，产生大量有毒还原物质（如氨、硫化氢等），并使 pH 值下降。

② 定期遍洒生石灰（pH 值偏低时）或碳酸氢钠（pH 值偏高时），调节水的 pH 值。前者还有提高淤泥肥效、改善水质的作用。

③ 定期加注清水及换水，保持水体肥、活、嫩、爽及高氧。若能保持微流水，效果更佳。

④ 在主要生长季节，晴天的中午开动增氧机，改变溶解氧分布的不均匀性，改善池水溶解氧状况。

⑤ 在主要生长季节，晴天的中午，用水质改良机吸出一部分塘泥，以减少水中耗氧因子；或将塘泥喷到空气中后再洒落在水的表层，每次翻动面积不超过池塘面积的一半，以改善池塘溶解氧，提高池塘生产力，形成新的食物团，供滤食性动物利用，增加池水透明度。

⑥ 药物清塘。养殖河蟹水体中，除养殖的河蟹外，还生活着其他生物，这些生物中，有的本身就是病原体，有的则是病原体的传播媒介，因此，必须要进行药物清塘。其主要目的就是杀灭病菌和敌害生物。

（3）常用清塘药物及使用方法

① 生石灰清塘　生石灰清塘的作用在于，生石灰遇水后发生化学反应，产生氢氧化钙，并释放出大量热能。氢氧化钙为强碱，其氢氧根离子在短时间内能使池水的 pH 值提高到 11 以上，从而杀死野杂鱼和其他敌害生物。

a. 干法清塘　用量 60～75 千克/亩，基本排出塘水，留积水 6～10 厘米深，挖几个小坑，倒入生石灰，溶化，不待冷却，即全池泼洒。次日将淤泥和石灰拌匀，填平小坑，3～5 天后注入新水。

b. 带水清塘　带水清塘即池水不排出，将溶化好的生石灰浆趁热全池均匀泼洒。每亩每米水深用 125～150 千克生石灰。由于带水清塘生石灰用量多，泼洒麻烦，此法在生产上较少采用。

② 漂白粉清塘　漂白粉一般含有效氯 30% 左右，经水解产生次氯酸，次氯酸立即释放出新生态氧，它有强烈的杀菌和杀死敌害生物的作用。漂白粉有很强的杀菌作用，但易挥发和潮解，使用时应先检测其有效含量，如含量不够，需适当增加用量。一般有下列两种清塘方法。

a. 干法清塘　基本排出塘水，留积水 5～10 厘米，漂白粉用量为 6～15 千克/亩。

b. 带水清塘　13.5～27 千克/亩（每米水深）。施用时先用木桶加水将药物溶解，立即全池均匀遍洒，泼完后再用船和竹竿在池中荡动，使药物在水体中均匀分布，以增加药效。

③ 生石灰、漂白粉混合清塘　根据蟹塘水体体积，按漂白粉 5～7.5 千克/亩（每亩水深）、生石灰 65～75 千克/亩（每米水深）分别计算各自的准确用药量；先用漂白粉，次日用生石灰，化水均匀，趁热全池泼洒。

④ 巴豆清塘　使用巴豆 3～5 千克/亩（每米水深）。将巴豆捣碎，加 3% 食盐，加水浸泡，密封缸口，经 2～3 天后，将巴豆连渣倒入容器或船舱，加水泼洒。

⑤ 鱼藤精或干鱼藤清塘　干鱼藤 1 千克/亩（每 0.7 米水深），先用水泡软，再捶烂浸泡，待乳白液浸出，即可全池泼洒。

鱼藤精有强烈的触杀、胃毒作用，使野杂鱼类、害虫呼吸困难，呼吸减弱，心跳缓慢，中毒死亡。对人畜无毒，对作物无药害、无残留，不污染环境，对农作物品质无不良影响。杀虫作用缓慢，但杀虫作用较持久，具有一定的杀菌效果。

鱼藤精清塘的剂量通常为水深 1 米时，每亩用量为 1.33 千克；水深 20 厘米时，每亩用量为 0.26 千克。施用时再加水溶解后全池均匀泼洒。

注意事项：不能与碱性物混用；不可用热水浸泡鱼藤粉，药液随配随用，防止药性丧失；鱼藤制剂应储存于阴凉干燥处；水质硬度高应加大用量；温度高、光照强时，药性一般在 7～10 天内丧失，应在试水后放苗。

⑥ 25%氯硝柳胺粉清塘　根据蟹塘水体体积，按 0.83 千克/亩（每米水深），准确计算用药量，化水全池均匀泼洒即可。

⑦ 茶饼（茶粕）清塘　茶粕是山茶科植物油茶的种子榨油后剩下的渣，含有皂角苷，是一种溶血性毒素，可使动物红细胞分解，而杀死野杂鱼等敌害生物。清塘方法及效果：将茶粕捣碎，放在缸内用水浸泡，在水温 25℃左右浸泡一昼夜即可使用。隔日取出，施用时再加水，连渣带水均匀泼洒于全池。每亩池塘水深 20 厘米用量为 13 千克，水深 1 米用 35～45 千克。上述用量可视塘内野杂鱼的种类而增减。对不能钻泥的鱼类，用量可少些，反之则多些。它能杀死野杂鱼类、蛙卵、蝌蚪、螺蛳、蚂蟥和一部分水生昆虫，毒杀力较生石灰稍差。对细菌没有杀灭作用，相反能促进水中细菌的繁殖，且能助长绿藻等的繁殖。但在茶粕中加入少量石灰水或氨水，效果要好一些。

⑧ 氨水清塘　清塘时，水深 10 厘米，每亩用氨水 50 千克。用时需加几倍干塘泥搅拌均匀后全池泼洒。加干塘泥的目的是减少氨水挥发。氨水也是良好的肥料，清塘加水后，容易使池水中浮游植物大量繁殖，消耗水中游离的二氧化碳，使池水 pH 值上升，从而增加水中分子氨的浓度，容易引起鱼苗中毒死亡。故用氨水清塘后，最好再施一些有机肥料，以培养浮游动物，借以抑制浮游植物

的过度繁殖，避免发生死鱼事故。

2. 强化管理、健壮苗种

（1）保持合理的密度和混养　合理的密度和混养是提高单产较好的措施。提高放养密度，追求单位面积产量，是渔（农）民普遍存在的心理。其实每个养殖水体均有其合理负荷能力，当放养密度超过了合理负荷能力时，池塘的水质和底质就会失去控制。养殖水生动物过密，很容易传播病原；水生动物因活动空间小，体质会下降，生长减慢。实践表明：高密度放养，没有不发病的。适宜的放养密度可减少鱼病的发生。放养密度过高，投饵、施肥的量也将加大，就会造成养殖水体的水质每况愈下，给病原体的滋生创造条件。在自然条件下，宿主与寄生生物之间的关系通常是一种平衡的关系，即宿主的种群量增加时，寄生物的种群量也随之增加。由于寄生物的繁殖速度远高于宿主，一旦环境不利于宿主而利于寄生物时，种群间的平衡关系就被打破，疾病就会暴发。另外，不同的水生动物具有不同的生活习性和生态特征。根据水生动物的不同生态特点，合理混养，有助于水生动物之间食性和生存互补，对池塘水质、水生动物自然生长、水生动物的控制将产生积极促进作用。然而，在养殖生产中，一些养殖户为了一味追求养殖的产量和效益，忽视水生动物生态习性，在一个塘口中仅放养一种市场前景看好的水生动物，这样不仅影响塘口的产量和效益；同时一旦发病会进一步增加病原体的传播速度，因为相同水生动物感染（或寄生）的病原体是相同的。如果采用了合理的混养方式，将会大大降低病原体的侵袭率。因此，合理的密度和混养对预防和控制水生动物疾病的发生具有重要作用。

（2）做到合理的投饵施肥　在养殖河蟹的过程中，应根据所养殖的品种及其生长发育的阶段、养殖的水生动物的活动情况以及季节、天气、水温、水质等条件进行投饵。原则是：定质、定量、定时、定位投喂。施肥的作用主要是增加水体中的营养物质，培养有益藻类（如硅藻、小球藻等），使浮游生物迅速生长和繁殖，给池中水产养殖动物提供充足的天然饵料。施肥种类分施基肥和追肥两种。基肥应施早、施足；追肥则是为了保持天然饵料生物持续旺盛地繁殖生长，应掌握"及时、少施、勤施"的原则。肥源以充分发酵过的有机肥为好，未发酵的有机肥慎用。在高密度精养池中提倡施用既能肥水又能调水的"生态多元肥""氨基酸肥水膏"等，效果较好。

（3）严格执行养殖管理制度 巡塘一般习惯每天早、中、晚各一次，以早晨巡塘最为重要。早晨巡塘应注意养殖的河蟹有无浮头现象或死亡，特别是在水质较肥、放养密度较大的河蟹养殖池中最易发生浮头。根据早晨巡塘及当天的天气等情况，确定投饵、加注新水及实施防病措施。中午巡塘观察蟹群摄食、活动及早期得病情况，以此确定投饵是否恰当，是否需要准备药物预防。晚巡塘观察河蟹吃食结果、水质情况以利于安排次日的工作。每次巡塘应做好记录，以便于分析和监测养殖的河蟹病害的发生情况。

此外，要改善池塘卫生环境，勤除杂草、残饵和死亡的河蟹；定期清理和消毒食场，制止病原体的传播。同时，应注意细心操作，防止养殖的河蟹受外伤而感染疾病。

（4）适时调节水质、改良水体 水质好坏直接影响河蟹的生长，水质好的池塘，河蟹体质肥壮，生长快，饲料利用率高，抗病能力强，不易患病。调节水质主要采取的方法如下。

① 排出老水，加注新水。及时加注新水，提高水位，增大池中水生动物活动空间，促进池塘物质循环，以利于饵料生物的生长繁殖和抑制有害藻类的生长，使池水经常保持肥、活、爽。生长旺季一般7～10天注水一次，每次注水20厘米左右。必要时先排出一部分老水，再注入新水。

② 使用水质改良剂调节、改良水质。选用水体解毒剂、底改产品及沸石粉、明矾等调节、改良水体。一般水体解毒剂分为固体或片剂，包括硫代硫酸钠为主要成分的解毒剂以及有机酸为主要成分的液体解毒剂。底改产品一般分为生物底改以及氧化分解底改。通常，根据水质情况，选择具体的解毒剂、底改产品或沸石粉、明矾来改良、调节水质。正常调水时沸石粉用量为5～15千克/（亩·

米)水体；明矾用量为 2 千克/(亩·米)水体。

③ 泼洒 EM 菌等微生物制剂调节、改良水质。养殖生产中最常使用的微生物制剂是芽孢杆菌、EM 菌及光合细菌。

a. 芽孢杆菌　是一类好气性细菌，该菌无毒，能分泌蛋白酶等多种酶类和抗生素，可直接利用硝酸盐和亚硝酸盐，可以有效地降解有机物。

ⅰ. 作用：能够将大分子有机物分解成小分子有机物，促进硫化氢、亚硝酸盐的氧化和水体中氨氮的分解。

ⅱ. 使用范围：既可用作水质调节剂，也可作为饲料添加剂。

ⅲ. 使用过程中注意事项：增氧、活化。

b. EM 菌　EM 为有效微生物群（Effective Microorganisms）的英文缩写。它是采用适当的比例和独特的发酵工艺，将筛选出来的有益微生物（如光合细菌、乳酸菌、酵母菌、芽孢杆菌、醋酸菌、双歧杆菌、放线菌七大类有益微生物）共生共荣，形成复合微生物群落。

EM 菌中的有益微生物经固氮、光合作用等一系列分解、合成作用，使水中的有机物质形成各种营养元素，供自身及饵料生物的生长繁殖，同时增加水中的溶解氧，降低氨、硫化氢等有毒物质的含量，能够起到净化水质的作用。

c. 光合细菌　是一类能进行光合作用的原核生物的总称。

ⅰ. 优点：可迅速消除养殖水体中的氨氮、硫化氢和有机酸等有害物质，改善水体，稳定水质，平衡水体的酸碱度。

ⅱ. 缺点：养殖水体的大分子有机物（如残饵、排泄物、浮游生物的残体等）无法分解利用。

ⅲ. 注意事项：20℃以上使用；阴雨天不要使用。

一般情况下，应根据池塘的水质情况，选择使用上述微生物制剂。

④ 定期泼洒生石灰，改善池塘水质，增强水体缓冲性能，控制池水 pH 值的变化。一般每隔 10～15 天施用一次生石灰，其用量为 5～10 千克/(亩·米)水体。

⑤ 合理使用增氧机。增氧机具有增加溶解氧、改善溶解氧分

布状况、调节浮游生物分布及排除有害气体等多种功能。一般每亩水面配增氧机 0.2～0.3 千瓦，使用时坚持"三开两不开"。"三开"即晴天中午开，阴雨天下半夜及次日早晨开，连续阴雨时浮头前开。"两不开"，即天气正常时傍晚不开，阴雨天白天不开。

（5）加强河蟹养殖过程中的特殊时期管理　在河蟹养殖全过程中，创造一个生态环境，实施营养素（含药物营养素）和有益微生物成为优势种群的调控技术，使之有利于增强养殖河蟹体质，使河蟹健康成长；而不利于病原微生物的增殖，使之无法达到暴发阈值。在环境恶劣的情况下，实施特殊时期管理，采取切实有效的防控措施，是饲养管理的精髓。

环境恶劣是养殖业最危险的敌人，通常在季节更替、暴雨、台风、连续阴雨、骤冷等情况下最易暴发疾病。对于病原体（细菌、病毒）爆炸增殖的条件是缺氧（低溶解氧）和底质污物蓄积（提供病原体营养和病原体），水体载菌（毒）量偏高，对养殖河蟹产生应激，引起抵抗力下降。对于这些因素，我们应根据天气情况和养殖经验，提前实施危机管理，采取相应的应对措施。

① 拌喂优质稳定的高稳维生素 C 或黄芪多糖，增强河蟹抗病能力和抗应激能力。

② 增加池底溶解氧，利于增强河蟹的活力，不利于弧菌及气单胞菌增殖。

③ 降低投饵量，减少残饵和污物，降低病原菌的营养供给。

④ 若降雨量较大，造成水体 pH 值下降，应利用雨停的间隙，全池泼洒高稳维生素 C，提高河蟹的抗应激能力。

⑤ 如果使用好氧的有益微生物，需注意在使用微生物制剂前一天晚上使用增氧剂。

3. 药物防控

（1）蟹体消毒　生产过程中，即使是健壮的蟹苗种，也难免有病原体寄生。清整消毒后的池塘，若放养未经消毒的蟹苗种，就有可能带入病原体。遇到适宜的条件，病原体就会大量繁殖。蟹苗种消毒一般都使用浸浴法，即将蟹苗种放入适当浓度的药液里，经短时间的药浴，杀死蟹苗种上的病原体。一般选择 8 毫克/升的硫酸铜溶液或 20 毫克/升高锰酸钾溶液或 5～10 毫克/升聚维酮碘或 3％～5％食盐水作浸浴剂，浸浴时间依据蟹苗种的大小、体质、气候、水温及药物浓度灵活掌握。

（2）食场消毒　食场是为减少饵料浪费而设置的河蟹摄食的固定场所。食场内常有残余饵料，残饵的存在又为病原体的繁殖提供了条件。在水温较高的季节，这种情况更易发生。同时，食场又是蟹群最密集的地方，蟹类摄食活动的过程，也是寄生虫传播的良机。目前，食场消毒的方法有如下两种。

① 悬挂法　将消毒用的粉状或块状药物装在有微孔的各种容器中，悬挂于食场周围，使其在水中缓慢溶解，达到消毒的目的。用于食场消毒的药物有漂白粉、强氯精、二氧化氯等药物。

② 泼洒法　每隔 2 周，选用漂白粉、强氯精、二氧化氯等药物，化水均匀，对食场进行泼药消毒。

（3）水体消毒　养殖水体经过一段时间投饵施肥，水体中的有机物含量增加，水质逐渐恶化，病原体也有增加的趋势。因此，在蟹病流行的高温季节，要定期对水体进行消毒，以杀灭水中或河蟹身上的病原体。常用的消毒药物有：强氯精、二氧化氯、溴氯海因、聚维酮碘、戊二醛等；杀虫药物有福尔马林、硫酸铜、硫酸亚铁、硫酸锌等。

（4）定期投喂药饵　河蟹一些内脏器官的疾病，必须要用口服药饵，以达到预防和治疗的目的。主要采取投喂沉性药饵的方法。由于河蟹摄食沉性药饵，因此，治疗时必须使用沉性药饵。沉性药饵可配合内服药使用，按正常吃食量连续投喂 3～5 天。常用的内服药在选用时应根据药物的特性单方或复方配合使用，根据疾病发生的季节，有规律地进行预防，是目前效果最好的方法。

二、河蟹病害的防治

1. 河蟹颤抖病（图 7-1）

（1）病原体　螺旋体或病毒。

图 7-1 河蟹颤抖病

（2）症状　病蟹反应迟钝，食欲缺乏，步足颤抖、环爪，螯足下垂无力，连续颤抖，口吐白沫，不能爬行。有的河蟹步足收拢，缩于头胸部抱成一团，或撑开步足爪尖着地。解剖蟹体，可见体内积水，肌肉萎缩。鳃丝黑色或黄色，肠胃无食。

（3）流行季节　4～11 月为河蟹颤抖病流行季节，其中高温季节 7～9 月最为严重。

（4）防治技术

① 每年要彻底清塘，清除过多的淤泥。

② 栽种适量水草，为河蟹提供隐蔽清凉的场所，改善水质，增加溶解氧。

③ 定期用底改药品改善底质，增加底层溶解氧，同时用生物制剂调水。

④ 平时在饲料中添加适量免疫多糖、复合多维等用以增强体质。

⑤ 发病时，有纤毛虫时，先使用纤虫净、甲壳净等药物杀灭体外寄生虫；第二天用二氧化氯或碘制剂等消毒水体，同时内服恩诺沙星、大蒜素或氟苯尼考加免疫多糖、高稳维生素 C 等抗菌抗

病毒药物杀死细菌、病毒。

2. 河蟹黑鳃病（烂鳃病）（图 7-2、图 7-3）

图 7-2 河蟹烂鳃病（一）

图 7-3 河蟹烂鳃病（二）

（1）病原体 细菌。水质和底质恶化是导致此病发生的主要原因。

（2）流行季节　夏秋两季。

（3）症状　初期病蟹部分鳃丝暗褐色，随着病情发展全变成黑色，病蟹行动迟缓，呼吸困难，出现叹气状；病蟹鳃丝出现炎症甚至局部溃烂，边缘有缺刻。

（4）防治技术

① 放养前，彻底清塘。

② 平时定期改底调水，保持良好的水质。

③ 平时在饲料中添加适量免疫多糖、复合多维等，用以增强体质。

④ 发病时，有纤毛虫时，先使用纤虫净、甲壳净等药物杀灭体外寄生虫；第二天用二氧化氯或碘制剂等消毒水体，同时内服恩诺沙星、大蒜素或氟苯尼考加免疫多糖、高稳维生素 C 等抗菌抗病毒药物杀死细菌、病毒。

3. 水肿病（图 7-4）

（1）病原体　细菌。该病是因捕捞、运输以及在生长过程中，

图 7-4　河蟹水肿病

其腹部受伤感染所致。

（2）症状　病蟹腹部、腹肌及背壳下方肿大，呈透明状，肛门红肿，吃食减少或停食，常匍匐于池边不动，最后在池边浅水处死亡。

（3）流行季节　夏秋两季。

（4）防治技术

① 幼蟹放养前，要用碘制剂等浸泡消毒，再用"苗康"浸泡，增强蟹苗体质，提高成活率。

② 河蟹蜕壳时，尽量减少对它的惊扰，以免蟹体受伤。

③ 养殖过程中，定期改底调水，保持良好的底质和水质。

④ 平时在饲料中添加适量免疫多糖、复合多维等，用以增强体质。

⑤ 发病时，有纤毛虫时，先使用纤虫净、甲壳净等药物杀灭体外寄生虫；第二天用二氧化氯或碘制剂等消毒水体，同时内服恩诺沙星、大蒜素或氟苯尼考加免疫多糖、高稳维生素 C 等抗菌抗病毒药物杀死细菌、病毒。

4. 纤毛虫病（图 7-5）

（1）病原体　显微镜下观察到的纤毛虫、聚缩虫、累枝虫及钟形虫等。

（2）症状　蟹的体表和鳃上有许多绒毛状物及大量污物，手摸体表和附肢有油腻感。病原体寄生在鳃上后，鳃上挂有污泥，黏液增多，鳃丝受损，呼吸困难，严重时鳃呈黑色。

（3）流行季节　4～11 月。

（4）防治技术

① 大量换水，促使其蜕壳。

② 甲醛溶液 5～10 毫克/升全池泼洒。

③ 用硫酸锌 0.2～0.6 毫克/升全池泼洒，连用 2～3 次，注意水质变化。

④ 用硫酸铜 0.5 毫克/升全池泼洒，注意水质变化。

⑤ 用商品药"甲壳净"等药全池泼洒。

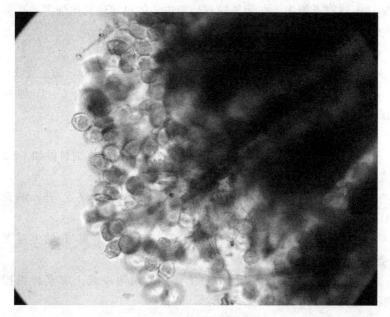

图 7-5 河蟹纤毛虫病

⑥ 发病严重时，先使用纤虫净、甲壳净等药物杀灭体外寄生虫；第二天用二氧化氯或碘制剂等消毒水体，同时内服恩诺沙星、大蒜素或氟苯尼考加免疫多糖、高稳维生素 C 等抗菌抗病毒药物杀死细菌、病毒。

5. 甲壳溃疡病

（1）病原体　能分解几丁质的细菌，如弧菌、假单胞菌、气单胞菌等。

（2）症状　病蟹步足尖端破损，呈黑色溃疡并腐烂，然后步足各节及背中、胸板出现白色斑点，斑点的中部凹下，形成红色，并逐渐变成黑褐色溃疡斑点，这种黑褐色斑点在腹部较为常见，溃疡处有时呈铁锈色或呈被火烧状。随着病情发展，溃疡斑点扩大，互相连接成形状不规则的大斑，中心部溃疡较深，甲壳被侵袭成洞，可见肌肉或皮膜，导致河蟹死亡，并造成蜕壳未遂的症状。如果溃疡达不到壳下组织，在河蟹蜕皮后消失，但可导致其他细菌和真菌的继发感染，引起其他疾病的发生。

（3）防治技术

① 在蟹的捕捞、运输与饲养过程中，操作要细心，防止受伤。

② 夏季经常加注新水，保持水质清新，使池塘有 5～10 厘米深的软泥。

③ 发现病蟹，及时隔离与消除。

④ 用 2 毫克/升的漂白粉全池泼洒，并按每千克饲料添加 1～2 克的磺胺类药物投喂，连喂 3～5 天为一个疗程。

⑤ 用甲醛溶液全池泼洒 2 次，浓度为 5～10 毫克/升，隔天 1 次。

⑥ 用 15～20 毫克/升的痢菌净或 2.5～3.0 毫克/升的土霉素全池泼洒，每天 1 次，连续泼洒 5～7 次。

⑦ 按每千克饲料添加 0.5～1.0 克的痢菌净或土霉素拌饵投喂，连续 1～2 周。

6. 河蟹蜕壳不遂病

河蟹蜕壳不遂病又称蜕壳障碍症、蜕壳困难病。该病是一种生理性疾病，由于饲料中缺乏某些矿物质（如钙等）或生态环境不适而致。此外，河蟹受寄生虫感染，也可导致蜕壳困难。

（1）症状　主要表现为病蟹头胸甲后缘与腹部交界处出现裂缝，甲壳上有明显的棕色斑点，病蟹全身变成黑色，蜕出旧壳困难，最终因蜕壳不下而死亡。

（2）防治技术

① 每月分别用 5～15 毫克/升生石灰及 1～2 毫克/升过磷酸钙全池泼洒一次，以增加池塘中的钙质。

② 适当加注新水，保持水质清新，增加河蟹活力，促进蜕壳，但蜕壳期间，需保持水位稳定，一般情况下不要换水。

③ 在蟹养殖池中，适当种植水草，便于河蟹攀缘固定身体，提供河蟹蜕壳的外部条件。

④ 在饲料中添加适量的蜕壳素、贝壳粉、蛋壳粉和鱼粉等含

矿物质较多的物质，并适当增加动物性饲料的比例（一般占总投饲量的1/5以上）。

7. 烂肢病

病蟹腹部及附肢腐烂，越冬期间，此病发病率较高。该病是因扦捕、运输、放养过程中受伤或生长过程中敌害致伤感染病菌所致。

（1）症状　附肢出现斑点性腐烂，斑点由黄变灰至黑。

（2）防治技术

① 在扦捕、运输、放养等操作过程中勿使蟹体受伤。

② 土霉素全池泼洒使池水浓度达到 $0.5 \sim 1$ 克/米^3。

③ 生石灰全池泼洒使池水浓度达到 $10 \sim 15$ 克/米^3，连施 $2 \sim 3$ 次。

8. 肠炎病

（1）症状　病蟹消化不良，肠胃发炎、胀气，打开腹盖，轻压肛门，可见黄色黏液流出。

（2）病因　该病是由于投饲不均或变质或难于消化引起。

（3）防治技术

①"四定"投饲。

② 在饲料中加入大蒜，每千克饲料加大蒜100克，连喂 $3 \sim 5$ 天。

③ 每千克饲料中加10％氟苯尼考粉 $2 \sim 3$ 克或10％恩诺沙星粉 $2 \sim 4$ 克，制成药饵，连喂 $3 \sim 5$ 天。

9. 蟹奴病

蟹奴属于蔓足类动物，外观呈白色，寄生于蟹的腹脐上。被寄生的蟹生长严重受阻，蟹肉带有臭味。蟹奴主要发生于湖泊、水库、海口及围网养殖等大水面中。

（1）病因　水体中存在着大量蟹奴幼虫。

（2）防治技术

① 硫酸锌1毫升兑水均匀泼洒，使用于5亩池塘，兑水均匀

泼洒。

② 用 0.7 毫克/升硫酸铜浸泡。

③ 蟹奴易缺氧，捕获后将蟹集中置于船舱内（水温 15℃），隔夜蟹奴即可自行脱落。

10. 中毒症

（1）症状　病蟹活动失常，死后蟹体僵硬，拱起，脐离开胸板下垂，鳃及肝脏明显变色。

（2）病因　池塘水质恶化或施用药物不当都可引起中毒症的发生。

（3）防治技术

① 经常换水，保持水质清新。

② 施用药物或配制药饵时要仔细计算，准确称量，勿过量。

③ 发生中毒症，要立即彻底更换池水，换水率 300％～500％。

④ 及时全池泼洒水剂或晶片状解毒剂（主要成分为有机酸或硫代硫酸钠）。

第三节

水产养殖过程中的渔药科学使用

随着水产养殖业的迅速发展，病害日趋严重，渔药一方面在降低发病率和死亡率、提高饵料利用率、促进生长等方面起了很大作用，另一方面在经济利益驱动下，渔药市场管理混乱、养殖户滥用或误用渔药现象普遍存在，这种现象极大地限制了水产业的健康发展。

一、水产养殖过程中渔药使用存在的问题

1. 用药非正常情况

水产养殖户对渔药使用知识与技能了解不多，滥用药、凭经验

用药、乱用药和盲目用药情况比较突出，具体表现在以下几个方面。

① 不懂药理和药物间的相互作用，随意搭配药物。

② 过分地依赖使用消毒、抗菌药物。

③ 在用药剂量、给药途径、用药部位和用药动物种类等方面认识模糊。

④ 在上市前使用渔药，缺乏休药期意识。

⑤ 偷偷使用激素类、抗生素类违禁药物。

⑥ 平时不重视预防，一旦鱼病暴发，乱投医、乱用药。

⑦ 不重视养殖环境的保护，受到药物污染的水，不经任何处理，就向外随意排放，污染周围水域。

2. 养殖过程中用药误区

① 目前在水产养殖生产过程中，不论发生何种疾病，都采取"治病先杀虫"的做法，结果是虫没杀死，养殖水生动物已产生应激。

② 为有效预防疾病的发生，长期、低剂量使用抗生素类药物防病，结果是刺激了病原菌产生耐药性。

③ 不遵守用药疗程和配伍用药原则，结果是药物不管用或是用药不规范导致了药害等问题无法核实。

④ "下猛药能治病"的观念在部分人群中根深蒂固，许多养殖户大都习惯于将渔药说明书注明的剂量加倍使用，结果往往会导致养殖动物应激，甚至产生药害。

⑤ 对渔药的剂型、药物了解不多或有偏见，认为原料药比剂型药好用又便宜，结果是用药量没控制好、拌和饲料不均匀，治疗效果差，从而导致损失。

⑥ 在需要联合用药的情况下，不知晓药理、配伍禁忌，往往采取"拉郎配"的方式，凭自己所谓的感觉，挑选药物进行组合配方，结果是有时会产生减效、失效直至增强毒性等效果，从而导致药效不好，连日发生重大死亡，甚至产生药害或事故等。

3. 假冒伪劣渔药

假冒伪劣渔药充斥市场，多数水产养殖户不辨真伪而无法作出选择，或贪图便宜，导致使用假冒伪劣药而起不到相应的效果等。

二、针对渔药使用存在的问题所采取的对策

1. 科学、安全用药

加强规范用药的宣传、教育和培训，提高水产养殖户科学用药、安全用药的水平。科学用药、安全用药要做到以下几点。

① 预防为主、治疗为辅。从健康养殖生产角度来预防疾病的发生，少用或不用药。

② 少用抗生素或其他化学药物，多用绿色生物渔药。生产上尽量使用如渔用疫苗、微生物制剂、免疫促进剂等无拮抗、无残留、无毒性的绿色生物渔药。

③ 科学用药。治疗疾病时应对疾病作明确诊断、对症下药，酌情制定停药期、调整剂量和改换药物，合理用药。

④ 轮换用药，交叉用药。

⑤ 严格遵守药物的使用剂量和休药期等，以保证水生动物的药物残留降到规定指标内，避免药物残留危害人类健康。

2. 加强水产养殖安全用药的管理

① 严格监督企业和个人经营、使用渔药，加大对使用违禁药物的查处力度。

② 加大对饲料生产企业的监控，严禁使用农业农村部规定以外的饲料添加剂。

③ 对养殖单位和个人进行登记、监管、巡视，对养殖用药进行记录、审查、指导。

④ 加强渔药残留监控。加大宣传力度，充分认识渔药残留对人类健康和生态环境的危害。

3. 加大健康养殖技术的推广力度

全面普及病害防治和科学用药知识，加强对水产养殖安全用药的指导，提高健康养殖技术水平。主要应采取：由渔业主管部门所属的水产技术推广机构加强对水产养殖户水产养殖安全用药、病害防治等技术培训、轮训；由渔业、渔药主管部门开展健康养殖技术、科学用药知识的培训；水产养殖户的自学或向水产养殖专家咨询、请教等形式。

4. 加大投入力度，增强水产品质量安全监控力度

苗种、饲料、饲料添加剂、渔药等养殖投入品的质量和使用等是养殖水产品中药物残留超标的源头，因此，若想从根本上控制养殖水产品的质量，有关部门必须加大投入，尽快建立起依托水产技术推广体系的水产品养殖全程质量控制体系和制度，将水产品质量安全监管重心前移到养殖生产的各个环节，确保养殖生产者的利益和水产养殖业的健康、可持续发展。

5. 加大水产养殖业执法力度，严厉查处假冒伪劣渔药

加强水产养殖业的渔业执法，加大对渔药、饲料及饲料添加剂等养殖投入品的质量安全管理，严禁不合格产品及假冒伪劣产品流入市场、进入养殖环节，防止养殖生产者不明情况使用这些产品而造成水产品药物残留超标事件发生。

三、水产养殖过程中的渔药科学使用

1. 准确掌握用药原则

（1）对症下药　首先，要正确诊断。只有诊断对了，才能进行治疗。其次，要查明病因。弄清病原体的来源，切断病源，改善养殖水域，创造良好的治疗环境。再次，科学选药，选用既要对养殖的水生动物及养殖环境低毒、无害、少残留，又要成本低，在经济上合算的良药。如果随意用药，往往药不对症，不但收不到防治的效果，反而造成人力物力的损失，有时甚至会加重病情。

（2）合理用药　用药时应根据药物性质，严格、合理用药。水

生动物疾病常用药物都有各不相同的理化特性。在保存、使用时应注意合理化，避免药物因保存、使用不当而无效。如哪些药物只能外用，哪些药物内服效果好；哪些药物不能使用，哪些药物配合使用效果会更好；哪些药物会受环境因素影响；等等。

（3）足够的剂量和疗程　使用足够的剂量和疗程，目的是避免病原体产生耐药性，剂量是疗效的保证。为了节约而减少用药量，即使是特效药，也会导致治疗失败。配制药饵还应考虑到药物在水中的散失，至于用药疗程的长短，则应视病情的轻重和病程的缓急而定。对于病情重、持续时间长的疾病就有必要使用2～3个疗程，否则治疗不彻底，有可能复发，也会使病原体产生耐药性。

用药时注意，即使是质量上乘的药物，使用后，往往也会出现以下三种结果：①效果较理想，病情基本得到控制；②有一定效果，病情有所缓解；③效果不理想，病情无明显好转。究其原因，与用药的方法正确与否有关。

因此，用药时务必注意以下事项。

① 不要任意混用药物。两种以上药物混用时，会产生两种截然不同的结果：一种是协同作用，即互相帮助而加强药效；另一种是产生拮抗作用，即相互抵消而降低药效。但有时为了提高对某些细菌性疾病（如鱼类暴发性流行病、赤皮病）的治疗效果，需同时选用两种药物时，宜采用内服药饵和消毒池水相结合的方法。

② 注意用药时的环境条件。药物是一种化学物质，其作用过程必然要受池水的温度、pH 值和有机物等理化因子的影响。池水的有机物也会与漂白粉、硫酸铜等药物起反应，从而降低药效。因此，在肥水、瘦水池中用药，应适当增加或减少用药量。这主要是根据实践经验，酌情增减用量。

2. 规范用药

水产养殖用药必须符合《兽药管理条例》《饲料和饲料添加剂管理条例》及相关法律法规，禁止使用假、劣兽药及农业农村部规定禁止使用的药品、其他化合物和生物制剂。原料药不得直接用于水产养殖。严禁使用违禁药物，遵守休药期规定。具体地说就是规范用药，要从药物、病原、环境、养殖动物本身和人类健康等方面考虑，有目的、有计划和有效果地使用渔药，包括正确选药、适宜用药、合理给药和药效评价等。

（1）遵守相应的规定 严格按照国家和农业农村部的规定，不得直接使用原料药，严禁使用未取得生产许可证、批准文号的药物和禁用药物，水产品上市前要严格遵守休药期。

（2）建立用药处方制度 渔药与人用药物及兽药一样，使用应该科学合理，必须有专业人员的指导和监督。我国应探索实施水产执业兽医制度，使用处方药，使渔药的使用由无序到有序、由盲目到科学。如没有兽（渔）医的处方，就不能购买抗生素等，从而在源头上杜绝了抗生素的滥用。

（3）正确诊断病情

① 查明病因。在检查病原体的同时，对环境因子、饲养管理、疾病的发生和流行情况进行调查，作出综合分析。

② 详细了解发病的全过程。了解当地疾病的流行情况，养殖管理上的各个环节，以及曾采取过的防治措施，加以综合分析，将有助于对体表和内脏进行检查，从而得出比较准确的结果。

③ 调查水产动物饲养管理情况。包括：清塘的药品和方法；养殖的种类、来源；放养密度；放养之前的消毒情况及消毒剂的种类、质量、数量；饲料的种类、来源、数量等。

④ 调查有关的环境因子。包括调查水源中有无污染源、水质的好坏、水温的变化情况、养殖水面周围的农田施放农药的情况、底质的情况、水源的污染情况等。

⑤ 调查发病情况和曾经采取过的防治措施。包括发病的时间、发病的动物、死亡情况、采取的措施等。

⑥ 病体检查。在养殖池内选择病情较重、症状比较明显，但还没有死亡或刚死亡不久的个体来进行病体检查，且每种水产动物应多检查几只。

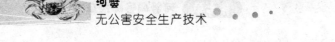

（4）正确掌握选药原则　鼓励使用国家颁布的推荐用药，注意药物相互作用，避免配伍禁忌，推广使用高效、低毒、低残留药物，并把药物防治与生态防治和免疫防治结合起来。

3. 正确选择用药时间及疗程

整个生长周期，水产养殖对象活动在水体中，不易及早观察到它们的发病征兆，所以难以及时用药治疗。对于已发生的病情，多数情况下施药时间偏晚，往往在多数养殖对象染病时才引起重视，特别是发生流行性病害，此时才开始使用药物，大多数治疗效果不太理想。所以，一般应根据当地水产病害预报部门提供的发生情报，结合实际养殖情况，采取一些预防措施，应遵循"早发现，早隔离，早治疗"的原则。在养殖管理过程中多巡塘，多留心观察，一旦发现问题，及时采取措施。在发病初期治疗效果显著，且能迅速控制病虫害的蔓延。通常情况下，当日死亡数量达到了养殖群体的 0.1％以上时，就应进行给药治疗。用药时间一般选择在晴天上午 11 时前或下午 3 时后。疗程长短应视病情而定，一般来说，杀虫需 2 次，内服药需 5～7 天。

4. 准确测量水体、计算药物用量，保证药量适中、药效到位

药量的多少是决定疗效的关键之一。施药之前，必须准确地测量池塘面积和水深，计算全池需要的药量，并检测池塘水质特点及水温、pH 值等因素，为选择用药剂量做准备。各种渔用药物使用时，必须要了解该药物是否在药效期内，然后按照说明书上推荐使用浓度的上下限，并根据防治对象病情的轻重程度及水质环境特点选择适当浓度，切忌随意增减，盲目用药。药量过高可使防治对象产生应激，过低影响疗效，贻误治疗时机，其结果是增加了养殖成本。另外，还要正确掌握用药的次数，以达到好的防治效果。

5. 了解药物性能，选择正确的用药方法

根据不同的用药方法，在用药时应有所区别。

（1）投喂药饵和悬挂法用药前应该停食 1～2 天。

（2）外用泼洒药物宜在晴天上午进行，便于用药后观察。

（3）对不易溶解的药物要先溶解再全池泼洒。

（4）浸浴法用药时，要操作谨慎，避免鱼体受伤。

（5）在药物施用后要注意观察，以防发生缺氧、死鱼等现象。

6. 用药时避免配伍禁忌

在大多数情况下，联合用药时，也就是两种或两种以上的药物在同一时间内使用，总有一两种药物的作用受到影响，其产生的协同作用可增强药效，拮抗作用则降低药效，有的还会产生毒性而对养殖的水生动物造成危害。因此，在联合用药时，要利用药物间的协同作用，避免药物配伍禁忌。如刚使用沸石的池塘不应短期内再使用其他药物，泼洒生石灰 5 天内不宜使用敌百虫。

7. 轮换用药，避免耐药性

在选择药物时，不要多次使用同一种药物，避免产生耐药性。使用药物时，要严格按照操作规程配制、施药，尽可能地使用中草药和生物制剂。中草药来源广泛，价廉效优，副作用小，不易形成药物残留和影响水产品质量，在健康养殖中具有广阔的应用前景，微生态制剂因无残留、无二次污染、不产生耐药性等优点，能有效地改善水质，增强鱼体免疫力和减少疾病的产生，在无公害绿色水产养殖生产中有良好的应用效果。

8. 均匀用药、安全用药

在使用渔药时，应把药物摇匀、稀释。特别是消毒药物先要兑水 100～200 倍稀释，油乳剂型的杀虫剂更要多用水充分稀释，一般稀释 2000～3000 倍，然后从池塘的上风处向下风处均匀泼洒。有增氧设备的，要开增氧设备让池水流动，以使药物能迅速均匀溶解扩散到水体中，避免局部集中施药，引起防治对象发生应激或中毒。施药时间要避开阳光直射的午间。施药后 24 小时内认真观察防治对象的群体动态，跟踪病情。在配药及施用渔药时应注意人身安全，有的药物在空气中有较强的刺激性气味或高浓度时接触会伤害人体皮肤，所以应穿戴好口罩和防护手套进行操作，以免危害身体。施药时应站在风头，不要迎风施药。渔药的使用应注意使用条件、使用范围和收获前休药期的规定，不能使药物残留超标，实行"绿色健康养殖"。

第八章

河蟹生产日常管理

第一节
水质调控

调控水质，可以降低池水中有害物质的浓度，促进河蟹的生长，避免引发疾病。

一、水质调控途径

池塘水质调控具有多种途径：主要包括物理调控、化学调控、生物调控三种。

1. 物理调控常见的方法

（1）使用增氧设备　增加水中的溶解氧，加大水体循环。使池水形成上下对流，将上层溶解氧充足的水输入底层，散逸水中氨氮与有毒气体，减少有毒有害物质的产生。

（2）定期换水　池塘定期排出底层污染水 20～30 厘米，及时注入新鲜水，从而降低池塘污染的因子，减轻水体压力。

（3）定期投放吸附剂　全池抛撒膨润土或沸石粉，使水体中有毒有害物质被吸附后沉淀于池底。

2. 化学调控常见的方法

（1）泼洒增氧剂　为水体有机物的分解提供足够的溶解氧，增加水体钙离子，稳定水体酸碱度，降低氨氮。

（2）氯法处理　一般采用具有稳定性的二氧化氯和次氯酸钠全池泼洒。二氧化氯是一种强氧化剂，不但能有效降解水体中的有机物，降低蓝藻数量，能氧化水中的有机物，降低水体 BOD 值，且可作为降解氨氮和亚硝酸盐的辅助剂，是一种常用的具有水质调节和高效杀菌功能的水产药物。次氯酸钠同样是一种强氧化剂，在水体中经水解后形成次氯酸，次氯酸再进一步分解形成新生态氧，新生态氧的极强氧化性使菌体和病毒上的蛋白质等物质变性，同时分解掉水体中有毒有害的有机物质，起到净化、改良水质的作用。

3. 生物调控常见的方法

（1）接种适量适宜的光合细菌和水草 光合细菌能驱除水体中的小分子有机物等有害物质，降低池塘中有机物的积累以净化水质，并能促进物质循环利用。光合细菌还能显著抑制某些致病菌的生长繁殖。水草能有效地吸收水体中的营养物质以及人工合成的有害物质，因此常常成为净化水质的手段之一。

（2）混养鱼类 鲤、鲫是杂食性底栖鱼类，它们在池底的活动会使底泥中的营养盐回到水体中参加物质循环，有利于浮游植物的生长繁殖。鲤不利于水草的生长，并且使底栖无脊椎动物的丰度大幅度降低，但能提高藻类生物量和初级生产力，混养鲤、鲫有利于池塘水体中浮游植物初级生产力的提高。放养滤食性鱼类对水体中的浮游生物和水质状况也会有较大的影响。鱼类对浮游植物的大量摄食并不能使浮游植物的生物量降低，这是因为更小型的藻类得以增殖，而鱼类摄食浮游植物则会减轻浮游植物所承受的摄食压力，浮游植物生物量和初级生产力因而上升，鱼的生产力也会得到提高。另外，滤食性鱼类对大型浮游植物的滤食使得其水域初级生产力不会升得过高。可见，滤食性鱼类对保持浮游植物多样性和维持池塘生态系的稳定性有着重要作用。放养不同的鱼类对水质会有不同的影响，根据鱼类各自的生活习性适当混养，形成全方位的立体养殖格局，有利于充分利用养殖空间，提高鱼的生产量，更有利于维护鱼池生态系的稳定。

二、水质指标监测

水质指标监测主要包括水温、溶解氧、氨氮、透明度等。

1. 温度

要调控水温以改善生态环境，池水的温度不能够波动太大，要定期检测水体的温度，如过高或过低都要及时加以调节。

2. 溶解氧

池塘养殖水体的溶解氧含量要求在 5 毫克/升以上，越冬期间水体的溶解氧含量不能低于 3 毫克/升。单养高产池塘，要安装相应的增氧设施。

3. 酸碱度

池塘养蟹其池水 pH 值应为 7～9，最适为 7.5～8.5。养殖过程中可使用适量的生石灰进行调节，以维持水质 pH 值的稳定。

4. 氨氮

养殖水体底层氨氮值要控制在 0.2 毫克/升，以利于河蟹的生长发育。成蟹池要注意定期换水，蟹苗池要每天进行排污，以降低水体的氨氮值。

5. 水体透明度

定期检查池水的透明度，蟹池的透明度应控制在 30～50 厘米。如透明度太低，水太肥，可适当换掉部分的池水或泼洒适量的生石灰；如透明度过高，水太瘦，浮游生物太少，应该适量使用有机肥进行肥水。尤其要注重 6～8 月河蟹生长期养殖池水的透明度调节与控制。

三、水位调节

保持合理的水位，定期进行水位测量，合理注水，保证有充足的溶解氧，促进生长。河蟹养殖生产过程中可按"春浅、夏满、秋适中"的方法进行调节。一般 4～5 月份气温较低，池中深水区的水位控制在 1～1.2 米，浅水区以 0.4～0.7 米为宜。6～9 月平均气温较高，要适当地注水升高水位，一般深水区的水位控制在 1.3～1.5 米，浅水区在 0.8～1 米。10 月以后，一般控制水深在 1～1.3 米。

四、水草养护

1. 调节水位和施肥

水草栽培后，要及时调节水位，利于水草的正常生长。在水草的生长期，适当地施加无机肥料，促进水草的生长。

2. 补种、移植和清除

过稀要及时补种或移植，过密要人工清除生长过旺的水草，一般水草的总面积不超过池塘总面积的 2/3。高温季节，要防止水草生长旺盛。过多、过密的水草不但挤压了蟹的活动空间，同时也会影响自身的光照，水体难以流通，引起水草死亡腐烂，败坏水质。对过密的水草要进行分块处理，打通水道，有利于水体上下、前后的流动，增加阳光照射，同时有利于藻类繁殖，增加水体溶解氧。同时，还应对水草进行刈割，割去露出水面的草头，让草没入水下 30 厘米左右，抑制其生长，防止高温烂草。养殖过程中可根据实际情况，在高温季节适当提高水位，让水草没入水下 30 厘米。

3. 遇台风保护

在台风季节，池塘里风浪较大，为避免水草根茎浮空离底，可采取适当降低水位的方法；台风过后，加水，调水，稳定水质，保护水草。

4. 圈养和捞草

春季栽插水草应将蟹苗暂时圈养在池塘一角，等到水草较繁茂时再放开，以免被蟹苗破坏掉。在养殖的过程中有少量的水草被蟹吃掉或掐断属正常现象，应及时把漂浮的水草捞去。

5. 中后期措施

河蟹养殖中期和后期，随着池底残饵、排泄物、动植物尸体不断增多，气温不断升高，水草根部易受到硫化氢、氨、沼气等有害气体、有害菌侵蚀，导致水草根茎发黑、枯萎，腐烂的水草又会进一步恶化水质，使有害物质含量升高，致病菌大量繁殖。因此，中后期要注意采取相应措施，分解有机质，络合有害物质，培育有益菌，增加溶解氧，从而活化池底，改善水质，保护水草根部不受侵蚀。

五、增氧设施维护

要定期检查增氧设备，及时排除异常现象，保证设备正常运转。底层微孔增氧装置维护如下。

1. 管道的接头

密切注意各个管道的接头情况，防止堵头脱落、漏气现象的发生。定期清除曝氧管外壁上附着的水生生物，避免造成曝氧管外壁上微孔堵塞。

2. 风机、电机

风机、电机要加设防晒装置，确保附近的空气流通，谨防温度过高。要经常检查油位，以免电机缺油、漏油。使用时，要经常检查皮带的松紧度，必要时适当调整皮带间距，还要定期更换润滑油。

3. 增氧盘

每个养殖季节结束后，要清洗、暴晒增氧盘，然后放置在阴凉处保存。

第二节
饲料管理

一、河蟹营养需求

1. 蛋白质与氨基酸

蛋白质是河蟹最重要的营养成分之一，河蟹对饲料蛋白质的需求高于目前养殖的大多数鲤科鱼类，一般在 $36\%\sim45\%$，并且在不同的发育阶段和不同的养殖环境下对蛋白质的需求各异。河蟹对蛋白质的需求实质上是对氨基酸的需求，从饲料中获取蛋白质被消化成短肽和氨基酸等小分子化合物，被吸收后才能转化为有机体的组成部分。蟹类所必需的氨基酸与鱼类相同，即精氨酸、赖氨酸、组氨酸、亮氨酸、异亮氨酸、蛋氨酸、苯丙氨酸、苏氨酸、色氨酸、缬氨酸10种。

2. 脂类

饵料中的脂类对河蟹营养很重要。脂肪为机体提供能量、必需脂肪酸以及作为脂溶性维生素的载体，且提供其他化合物（如类固醇和磷脂），这对于河蟹的正常生理功能很重要。

（1）脂肪酸 脂肪酸的作用是保证河蟹正常生长，繁殖以及蜕皮。EPA和DHA为必需脂肪酸，幼蟹对脂肪酸的要求较高，例如提高亚麻酸以及EPA、DHA的剂量能够有效提高幼蟹的成活率。同时有专家指出，在配制饵料时添加适量的冷水性鱼油能够满足河蟹对EPA和DHA的需求。

（2）磷脂 河蟹对磷脂的摄取主要从饲料中获得，由于磷脂对河蟹的生长起着必不可少的作用，因此在进行饵料配制时，一定要将磷脂配入其中。研究实验表明，在饵料中添加磷脂有利于提高河蟹的成活率，另外，磷脂的作用是防止河蟹性早熟，防止河蟹体格发育不健全，有助于提高经济效益。

（3）胆固醇 胆固醇的摄取也是通过饲料，只是在河蟹的卵巢中能发现胆固醇，但河蟹自身无法合成。胆固醇的作用主要体现在胚胎发育阶段和幼体发育阶段。

3. 维生素和矿物质

维生素作为河蟹生理功能的必需营养源，影响着河蟹各个生长环节，例如维生素E影响生长率、成活率以及蜕皮频率。河蟹对矿物质的需求，最重要的就是钙和磷，这两种矿物质对河蟹的生长、代谢以及发育十分重要。

二、饲料分类

饲料是指在合理条件下对河蟹提供营养物质、调控生理机制、改善河蟹产品品质且对河蟹不发生有毒有害作用的物质，包括大豆、豆粕、玉米、鱼粉、氨基酸、杂粮、添加剂、乳清粉、油脂、肉骨粉、谷物、甜高粱等十余个品种的饲料原料。饲料按来源分类，主要分为植物性饵料、动物性饵料、配合饲料。

1. 植物性饵料

河蟹的植物性饲料主要有：豆饼、小麦、青糠、黄豆、玉米、南瓜等，需煮熟后进行投喂。大多数植物性饵料作为配合饲料的中的组成部分，或少量搭配投喂。

2. 动物性饵料

动物性饵料主要有：小杂鱼、河蚌肉、螺蛳等。动物性饵料营养比较完全，蛋白质含量高、氨基酸种类丰富，但有些鲜活饵料本身是带菌者，所以在饲喂前要做消毒杀菌处理。

3. 配合饲料

配合饲料是指根据河蟹的营养需求，将多种营养成分不同的天然饵料原料和人工饵料原料按照河蟹不同生长发育阶段的营养需求的比例进行科学调配、加工而成的产品。配合饲料所含的各种营养成分全面和能量均衡，能够满足河蟹的各种营养需要。

三、饲料储存

饲料的储存要注意以下几点。

1. 控制合适的水分和湿度

配合饲料的水分一般要求在 12% 以下，若配合饲料的水分大于 12%，或仓库空气中湿度过大，配合饲料会返潮，在常温下易生霉，品质变坏。因此，配合饲料在储藏期间必须保持干燥，包装要用双层袋，内用不透气的塑料袋，外用编织袋包装。储藏仓库应干燥，自然通风或机械通气。在仓内堆放饲料，地面要先铺垫防潮物，一般在地面上铺一层经过清洁消毒的稻壳、麦麸或秸秆，再在上面铺上草席或竹席，再堆放配合饲料。

2. 严防虫害和鼠害

害虫能吃绝大多数配合饲料，同时害虫的粪便、躯体和气味往往会使饲料质量下降。害虫的大量繁殖会产生水汽，使饲料结块、生霉，导致饵料严重变质。害虫的大量繁殖会同时释放出热量，很可能导致自燃。鼠类偷吃饲料，破坏仓库，传染病菌，污染饲料，是危害较大的一类动物。为严防虫害和鼠害，在储藏饲料前，要彻底地清除仓库的内壁、夹缝及死角，堵塞墙角漏洞，并进行密封熏蒸处理，以防虫害和鼠害的发生。

3. 温度

温度对储藏饲料的影响较大，温度低于 $10\,^{\circ}\mathrm{C}$ 时，霉菌生长缓慢；高于 $30\,^{\circ}\mathrm{C}$ 则生长迅速，使饲料质量迅速变坏。为此，配合饲料应储存于低温通风处，库房应具备完善的防热性能，防止日光辐射热的透入。有条件的仓库，仓顶要加刷隔热层，墙壁涂成白色，以减少吸热，还可在仓库周围种树遮阴，以避日光照射，缩短日晒时间。

四、饲料投喂

河蟹在整个养殖的过程中，除利用池塘中的天然饵料，主要依靠人工投喂。投喂饲料主要包括：杂鱼、螺蛳、水草、配合饲料。投喂要按照"四定四看"原则，切实做到定时、定点、定质、定量投喂，看季节、看天气、看水质、看河蟹吃食情况确定饵料的投喂量。

一般每天投喂两次：在上午 8～9 点钟投喂一次；在晚上 8～9 点钟再投喂一次。主要在岸边和浅水处多点均匀投喂。投喂以傍晚为主，投喂量应该占全天的 $60\%～70\%$。投喂量要依据河蟹的摄食状况进行，正常的天气状况下以投喂后 3～4 小时吃完为宜，如有剩余，次日要适当降低投饵量，如不到 2 小时就吃完，则要适当增加投饵量。

投喂的饵料因生长阶段的不同而有所不同。在 1 龄蟹种至成蟹

养殖的阶段，投喂一般以人工配合饲料为主。蟹种刚入池时，要以动物性饵料为主，植物性饵料为辅。河蟹生长的中期应以投喂植物性饵料为主，搭配动物性饵料，在后期应多投喂动物性饵料，做到"两头精，中间青"。

第三节
日常管理

一、巡塘检查

坚持每天早、中、晚多次巡塘，每天至少巡塘 2~3 次。在天气突然变化时，如闷热天气，下午有雷阵雨及阴雨天、气压低，夜间及清晨要特别注意巡塘检查。每天巡塘要做到以下几点。

1. 观察

观察河蟹的摄食、活动、蜕壳情况是否正常，查看塘口四周有无病蟹和死蟹。管理人员应认真观察河蟹发病及死蟹情况，及时检查，制定预防方法和治疗措施。在蟹病流行季节应做好池塘消毒、科学投喂、水质调控和药物防治工作，一旦发现蟹病及时治疗。

2. 检查饵料情况

检查投喂点有无剩余饵料，管理人员每日应按时定量地投喂饲料，并及时检查河蟹的吃食情况。多在投饵后 3~4 小时，检查是否有剩饵，如有剩余，要减少投饵量，无剩饵可适当增加投饵量。

3. 看是否有敌害

如发现池塘中有水蛇、水老鼠、青蛙、鸟类等敌害动物，应立即采取除害措施。

4. 密切检查防逃设施是否正常

定期检查和加固防逃设施，定期检查池埂有无漏水，进排水口防逃网是否完好，确保池水水位稳定，防止河蟹从渗漏水处及进排水口逃逸。特别是新挖的蟹池，更要注意防止逃蟹。

5. 检查水质是否正常

定期进行养殖水体的水质分析，定期测量溶解氧、氨氮、pH等指标。密切观察河蟹的活动状况，若受惊动后，河蟹不下水或下水后立即爬上来。傍晚或清晨河蟹大量聚集在池边岸上，说明水中缺氧或水质变坏，必须立即换水或采取其他增氧措施。

6. 密切注意四周环境

维护池塘的安静，减少人为的惊吓与敌害的侵袭。在池塘养蟹过程中，一定要保持蟹池的安静，不要过多地干扰河蟹的吃食、蜕壳过程。特别是在河蟹大批蜕壳期间，投喂饵料、打扫食场动作更要轻些，以提高蜕壳蟹的成活率。

7. 注意做好塘口的防偷防盗工作

尤其在养殖的中后期，性成熟的成蟹会大批上岸。特别是夜晚，河蟹上岸沿着防逃板爬行，极易被捕捉。因此，晚上要安排专人通宵值班，以免人为造成损失。

二、防逃设施维护

加强定期检查池坡浅滩处，发现洞穴要立即填补好。仔细检查塘口四周的防逃设施是否有破损，过低的要及时加高。检查池塘进排水口管道和过滤网是否完整，如有异常要及时进行维护。特别是多雨季节和刮风下雨时，更应加强检查，严防防逃设施被大风刮倒、池埂被大雨冲坏以及大水漫池等，防止河蟹外逃。

三、微生物制剂的应用

微生态制剂在水产养殖业中已广泛应用，养殖过程中可按实际的养殖情况使用。市场上微生态制剂商品名称繁多，按菌种大致可分为四大类：一是乳酸菌类；二是酵母菌类；三是芽孢杆菌类；四是光合细菌。

　　微生态制剂根据用途可分为养殖环境调节剂、控制病原的微生态控制剂以及提高动物抗病力增进健康的饲料添加剂等三类。预防动物常见疾病主要选用乳酸菌、片球菌、双歧杆菌等产乳酸类的细菌；促进动物快速生长、提高饲料效率则可选用以芽孢杆菌、乳酸杆菌、酵母菌和霉菌等制成的微生态制剂；改善养殖环境应从以光合细菌、硝化细菌以及芽孢杆菌为主的微生态制剂中选择。

　　微生物制剂在水产养殖中的作用主要体现在营养特性、免疫特性和改善生态环境三个方面。首先，许多微生态制剂其菌体本身就含有大量的营养物质，并在其生长代谢过程中产生各种有机酸，合成多种维生素等营养物质，促进河蟹生长。同时，能有效激发机体免疫功能，增强机体免疫力和抗病力。此外，有益微生物能够通过拮抗作用或分泌胞外产物抑制病原菌的生长，还可以降解和转化有机物，分解残留饵料、动植物残体，减少或消除氨氮、硫化氢、亚硝酸盐等有害物质，改善养殖水质。

　　微生物制剂的使用，不仅维持了良好的生态水环境，竞争性排斥病原菌，维护水中微生物菌群的生态平衡，避免河蟹遭受致病菌的侵袭而发病；而且还可产生或含有抗菌物质和多种免疫促进因子，活化机体的免疫系统，强化机体的应激反应，增强抵抗疾病的能力，有效提高河蟹养殖的成活率和生长速度。

　　微生态制剂在螃蟹养殖生产上可以常年使用，既可以在苗种培育阶段，也可以在成蟹养殖阶段，夏季使用效果更好。主要介绍生物肥料、光合细菌、EM 复合生态制剂在河蟹养殖中的应用。

1. 生物肥料

　　生物肥料是一种新型的含有益微生物的高效复合肥料。一般由有机和无机营养物质、微量元素、有益菌群和生物素、肥料增效剂等复合组成。水产养殖的专用生物肥料，既能培肥水体，促进鱼、虾、蟹、蚌饵料生物的大量生长繁殖，又能改善水质，减少病害，有效避免泛塘，促进鱼、虾、蟹、蚌迅速生长。

　　微生物肥料在稻田河蟹养殖中应用，能有效供应给水稻所需的养分，避免使用普通肥料会影响河蟹生长的问题。在池塘养殖中使用，不仅能培肥水体，促进各种饵料生物的大量生长繁殖，又能改善水质，减少病害，有效避免泛塘，促进鱼、虾、蟹迅速生长。

河蟹养殖应用生物肥料具有以下四大优点。

（1）来肥迅速，肥效持久。一般在晴天上午使用，第二天即会产生水色变化，正常情况下肥效可持续10天左右。

（2）调节水质，改善底质。肥料中有益微生物的作用，可降低水体中的悬浮物，降解氨氮、硫化氢、亚硝酸盐等，对调节水质、改善底质也有很好的作用，同时，生物肥料中所含的微量元素能够供水生生物直接利用。

（3）增加水体溶解氧，减少河蟹浮头和泛塘。除水质调节能提高水体的溶解氧外，生物肥料中的生物素可提高藻类的新陈代谢，增强光合作用效率，合成较多的有机物和产生氧气，有效地避免水体缺氧。

（4）提高河蟹免疫力，预防疾病。

2. 光合细菌

光合细菌，是一种能以光作能源并以二氧化碳或小分子有机物作碳源、以硫化氢等作供氢体，进行完全自养性或光能异养性生长但不产氧的一类微生物的总称。广泛分布于淡水、海水、极地或温泉的生态环境中。

光合细菌营养丰富，菌体富含蛋白质、必需氨基酸以及各种 B 族维生素、辅酶 Q、叶酸、生物素。此外，光合细菌还含有丰富的类胡萝卜素，是一种营养价值高且营养成分较全的优质饵料，具有明显的增产效果。

光合细菌在净化水质、改善和稳定养殖环境、提高水产养殖动物成活率及产量、防治疾病等方面起着重要的作用。光合细菌能够有效地将引起池塘污染的氨态氮、亚硝酸盐、硫化氢等有害物质吸收、分解、转化，从而提高水体中溶解氧含量，调节 pH，抑制其他病原菌的生长，并降低水体中的氨氮、亚硝酸态氮、硝酸态氮含量，有益于微藻、微型生物数量的增加，使水体得到净化，从而达到生物净化水质的目的。

3. EM 复合生态制剂

有效微生物是由光合菌群、乳酸菌群、酵母菌群、革兰阳性放线菌群、发酵系的丝状菌群等 80 多种微生物复合培养而成的多功能菌群。其用途广泛，既可作为环境修复和防病制剂，大面积在水体中使用，也可以作为饵料添加剂使用。

应用 EM 既能够改善水质，还能增强养殖生物的抗病力，提高成活率。EM 扩散到养殖水体中，可以很好地分解残余饵料、养殖对象的排泄物以及动植物尸体等，使之转化为二氧化碳或甲烷，同时用于生长和繁殖。通过固氮、光合、硝化反硝化等作用有效地将氨氮、硫化氢等有害物质合成自身物质，去除臭味，提高水体透明度等，达到净水功效。另外，分解产生的小分子无机物可以促进浮游植物、水生植物等的光合作用或抑制一些有害微生物的好氧分解活动，从而间接地起到增加水中溶解氧的作用。

EM 可以增强养殖生物的抗病力，提高成活率。一方面，EM 在生长过程中可以合成提高免疫力的生理活性物质（如乳酸杆菌等），从而提高养殖生物抗体水平或巨噬细胞的活性，刺激免疫能力增强；另一方面，EM 本身为有益微生物群体，其形成优势种群后，快速繁殖，通过竞争机制或产生具有抑菌、杀菌作用的抗生素，抑制有害菌的生长，减少发病率，提高成活率。

河蟹养殖过程中使用微生态制剂要注意以下几点。

（1）投入池塘中的制剂经过一段时间会自然消亡，因此在养殖过程中要定期使用，一般 10 天左右使用一次，使用前后最好进行活化培养。

（2）使用后 3～5 天内不要大量换水，以避免这些菌种随换水而损失。

（3）一般在晴天中午使用效果最好。

（4）如果池塘中使用了消毒杀菌的药物，要等到药效消失后方可使用微生态制剂。

（5）微生态制剂不能替代药物治病，只能起到净化水质、改善水体生态环境、促进河蟹生长，提高机体免疫力的效果。

（6）不要与抗菌药物同时使用，防止其对微生态制剂效果的影响。

第九章

河蟹捕捞销售

第一节

捕捞方式

"秋风起，蟹脚痒"，这时河蟹将开始从淡水爬向海区，进行一年一度的生殖洄游，此时为天然捕捞河蟹的最佳时期，南、北方捕捞时间因天气关系，大致相差一个月左右，北方地区 9～10 月份，南方地区 10～11 月份。人工养殖河蟹的捕捞时间，根据养殖方式而定，捕捞时间及方式有所不同。用蟹苗直接养殖成蟹，要经过 2 个秋龄，即从头一年的 4～5 月份放养，到第二年的 9～11 月份便可捕捞，也可延长到 12 月份至春节前后捕捞上市。用 1 龄蟹种养殖的，可于当年 9～11 月份起捕，直至春节前后。

一、池塘、提水养蟹的捕捞方式

根据河蟹价格走向，池塘成蟹一般在 9 月下旬后开始捕捞，傍晚在塘边池埂上徒手捕捉，并结合地笼张捕。

1. 降水位挖坑塘捕捞

将蟹池水位下降 40～50 厘米，在池边防逃墙的四角处各开挖一个直径 40～50 厘米、深 50～60 厘米的坑塘，要求坑里周壁光滑（或在塘内埋缸，缸口低于塘口）。晚上河蟹因水位下降，快速上岸沿着四周防逃墙爬行，误入坑塘中无法逃脱而被捕捉。

2. 干干湿湿捕捞

此法也适用于稻田养殖。河蟹白天隐蔽在池中，夜间纷纷爬上岸，按照这一特点，白天加水，晚上抽干水，让河蟹爬入防逃墙周围的坑塘中而捕之。

3. 冲水捕捞

此法也适用于稻田养殖。先将水位下降至 30～40 厘米，然后

向出水口一侧沿池底中央开挖一条宽度约为 50 厘米的集蟹沟，沟深不限，但要逐步倾斜，到出水口处则开挖一条或多条集蟹沟和集蟹槽，长、宽、深各为 1 米左右。晚上同时打开进水阀、排水阀，使进排水量相当，当水位逐步降低时，河蟹逆新鲜水而上，河蟹就会爬入蟹沟，最后进入蟹槽，再用手抄网捕捉即可。若塘内淤泥过多，为防河蟹潜入泥中，可用微流水进行刺激，即进水口缓慢进水，出水口以相同流速出水。冬天采用干塘捕捉时，要快速抽干池水，以防河蟹掘土穴居或潜入泥底。

4. 地笼捕捞

此法适用于水面大、水草密而深的水体捕捞。捕捉河蟹时，将地笼一头放入围网里面，另一头沉入池底，河蟹经过地笼时，被挡住去路，碰到地笼洞口，就会爬进地笼（图 9-1、图 9-2）。

图 9-1　地笼捕蟹虾

5. 蟹簖捕捞

将毛竹劈成长 3 米、宽 0.5 厘米、厚 0.3 厘米左右的竹片，用

图 9-2　网蟹笼

细棕绳编成箔，将毛竹箔放于水中形成一个断面，河蟹经过时，顺箔箔爬行，当河蟹爬至箔的顶端时，有一个漏斗形的倾斜口，河蟹进去后出不来。

6. 蟹罾捕捉法

将 2 根毛竹片（竹片长 80 厘米、宽 1.5 厘米、厚 0.5 厘米）十字交错，在交错的十字处用长 1.5 米以上的绳扎牢，另一头系上一个漂浮物。两根竹片端头系一块罾网，罾网以 30～50 厘米的正方形为好，在罾网的中央系一块鱼肉或动物内脏，将罾网放入水深处，每隔 1 小时起捕一次（图 9-3）。

二、稻田养蟹的捕捞方式

稻田养蟹的收获时间，一般从 9 月下旬开始，但也要随气温变化而定，原则上宜早不宜迟，以防降温结冰增加捕捞难度。为了妥善处理蟹、稻收获上的矛盾，在时间和次序的安排上，可在收割水

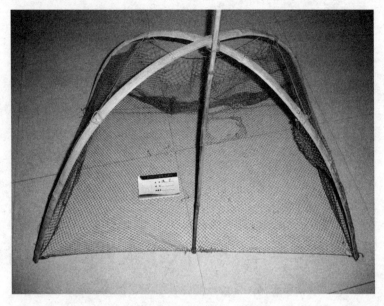

图 9-3　捕虾蟹工具——虾罾

稻前 10～15 天捕蟹，也可以通过逐步加水排水，把河蟹引入暂养池，然后再排水收割水稻。也可参照上述提及的池塘养蟹的捕捞方式。

三、湖泊网围养蟹的捕捞方式

网围养蟹的捕捞效果好坏直接关系到养殖产量和效益，"蟹过冬，影无踪"讲的就是超过捕捞季节的后果。一般从 10 月份开始捕捞，具体日期根据网围区中河蟹生长情况和气候条件灵活掌握，以提高河蟹的回捕率。捕捞工具有地笼、网箔、拦网、丝网、牵网等。

1. 拦网

拦网是拦河式的敷网类渔具，作业时将长条网纵方腰折，拦河敷设。河蟹即被阻而入网兜，每隔 1～2 小时，行船到设网地点取蟹。行船要在网的下风，使船与网口平行，人在船首，拉纲起网，沿着上纲向前检查。要密切注视网在水中是否抖动，如有抖动现象，这时轻轻拉网，见蟹后，将上、下纲合并提起，取蟹出网。

2. 丝网

丝网是单层刺网类渔具，俗称绞丝网，呈条状。丝网捕捞将丝网拦河布放，直立成垣墙状着底，截断河蟹退路，河蟹成熟后在水中爬行，一碰到丝网即被缠络于网衣内而被捕获。

3. 牵网

牵网是拦河式地拉网渔具，呈条状。作业时，网的一端固定在岸边，然后拦河布放，再将网牵拉上岸，使受阻的蟹进入网兜而捕获。

4. 蟹拖网

蟹拖网是长江捕蟹的一种主要方法，有些湖泊里也用这种渔具，它具有网具小、便于操作、可以充分利用水流动力等特点，是一种有效的捕捉天然河蟹的工具。蟹拖网是无翼单囊的拖网渔具，由矩形网衣腰折的网兜和一个浅囊网构成。蟹拖网由单船带动，在船的一侧，于首尾各伸出一根撑网竹，系缚 8～12 个邱网。作业区应选在深水漕的急流水面，放网时先拨拖落帆，划向江漕处，使船横向右舷受流，将网放入水中，顺流曳行。这时河蟹即由网口抢入网内，进网后，一部分河蟹沿网背向前爬行，遇拦网所阻而进入侧网内；另一部分则留在网兜内，每隔 1 小时，起网 1 次，转移他处，同时可自网兜和网囊内倒出河蟹。

第二节
暂养与销售

一、暂养

河蟹从捕捞到上市需经过一段时间，加上刚起捕的河蟹不宜长途运输，否则死亡率会很高，那这期间就必须先暂养好这些已经出塘（稻田、湖泊）的蟹。暂养主要考虑河蟹上市价格，同时要做到"四分开"：一是大小分开；二是强弱分开；三是健残分开；四是肥瘦分开。暂养方式一般分为以下几种。

1. 室内暂养

选用通风、保温性能较好、墙壁比较光滑的室内池，把规格符合、肢体齐全、体质健壮、爬行活跃的商品蟹放入室内池，每天用新鲜水喷洒 1～2 次，以保持室内潮湿。一般可暂养 3～5 天，成活率可达 90％以上。

2. 蟹笼暂养

方便灵活，安全可靠，成活率一般都在 95％以上，养蟹单位和经销单位均可采用。

（1）蟹笼设置　用竹条或编织带编结而成，可编成底部直径 40 厘米、高 20 厘米、口径 20 厘米的鼓形蟹笼。将蟹笼放到水深面阔、水质新鲜的水域或预先选择好的水较深的河沟、湖泊中，封口，入水 1～1.2 米，用木桩、毛竹桩固定悬吊在水中，要求笼底不贴泥。

（2）暂养放蟹　按雌雄、大小、软硬脚蟹分开入笼。入笼数量依笼大小、暂养时间长短而定，一般一只小笼暂养 1 个月，可放 3～5 千克蟹，软脚蟹适当少放。

（3）定时投喂　应定时投喂用颗粒料、青菜叶等小鱼虾和蟹，促蟹膘肥体壮。

3. 池塘暂养

把捕捞的河蟹放在符合要求的池塘里暂养一段时间再上市。经过暂养的河蟹软腿变成硬脚，可以增肥、增重、增价，便于批量供应市场，从而提高经济效益。

（1）暂养池建设　选水源充沛、水质良好、底质坚硬、环境安静、通电通路的地方建池。每池 3～5 亩，长方形，东西向较好。蟹池要留 2/3～3/4 的面积作深水区，其余作浅水区。深水区深

1.5～2 米，保水深度 1～1.5 米，浅水区保水深度 0.3～0.4 米，并栽植水草。围栏设施材料要价廉适用，如铝皮、钙塑板等。

（2）暂养时间和消毒　要求在 9 月底前建好暂养池，放蟹前 10～15 天每亩用 60～75 千克生石灰溶化后全池泼洒，以杀灭有害生物。对池中的淤泥、池周的杂草也要加以清除。

（3）暂养规格与质量　暂养河蟹的规格应在 50 克/只以上，要求肢体健全、活跃、无病。入池时要把软脚蟹、硬脚蟹分开，雌蟹、雄蟹分开。大小按 100 克/只以下、100～150 克/只、150～200 克/只、200 克/只以上分开。如池少面大，可用网片拦隔好再放蟹。

（4）暂养投饵　主要喂小鱼、虾、碎螺蚌肉以及煮熟的玉米、小麦、黄豆等精料，并要喂一些山芋丝、南瓜丝、苦草、苦荬菜、青菜等青料。精料日投喂量为池塘蟹重的 10% 左右。每天上午、下午向塘内的食台各投饵一次，保证蟹吃饱吃好。

（5）暂养管理　在蟹池里投些花白鲢，如发现鱼浮头，说明池水缺氧，水质变坏，应及时换水。同时，还可每亩用 15 千克石灰（水深 1 米）化水后每隔 5～7 天全池泼洒一次。平均一周换掉池里 1/3 左右的水。注意观察和看管，发现敌害、病害应及时采取相应的防治措施。

（6）捕捉上市　零星销售的，可捕上岸回不去的或撒网捕少量的蟹，还可用网箱在池内暂养部分蟹待销；批量的，则宜在河蟹价高畅销时放干池水全部捕起。

4. 水泥池暂养

（1）水泥池建造　在养蟹水域近旁建造水泥池，面积 200～600 米^2，四壁用砖砌水泥抹平，底部为硬质泥，深度 1.2～1.5 米，并建好进排水系统。

（2）暂养消毒　暂养前 20 天，每平方米用 120 克生石灰加水溶解成浆液全池泼洒，清池消毒，待毒性消失后再暂养河蟹。

（3）暂养密度　每平方米可放蟹 0.6～0.75 千克，如果暂养时间短，可适当多放一些；暂养时间长，可少放一些。有条件的地方可按雌雄、大小、脚软硬不同将蟹分开暂养。

（4）投饵 河蟹暂养期间，要先投喂它们喜爱吃的饵料，有条件的地方最好投喂河蟹育肥全价颗粒料，使其尽快肥壮增重。短期暂养则不必投饵。

（5）管理 池内要经常保持水位1米左右，当水温在10℃以上时，2～4天换进一次新鲜的河水，每次换1/3。如池水恶化，还应泼洒适量的生石灰浆液。冬季要把池水加深到1.5米以上，如遇结冰还应及时破冰增氧，防止河蟹窒息而死。

（6）捕捉上市 暂养的商品蟹如分批上市，可在夜晚诱捕上滩的蟹；如整批上市，可排干池水捕捉，同时清池，拣除死蟹，扫除残饵，重新放入新水继续暂养。

5. 网箱暂养

把捕捞的成蟹放到清水中的网箱里暂养一段时间再上市，保持较好的生态环境，能避免霜冻或高温等恶劣气候因子变化的影响，大大降低河蟹特别是大蟹的死亡率。

（1）网箱设置、规格与使用 网箱可以有许多类型，使用的材料也多种多样，如楼式、槽式网箱以及竹、木、铁丝制成的网箱等，一般可选制长2～3米、宽2米、高1～1.5米的长方形蟹箱。暂养水域选水深面宽、水质清新、无污染、无大浪、交通方便、宁静、便于管理的河沟、湖泊、水库、大面积池塘（图9-4、图9-5）。

（2）暂养时间 一年四季均可暂养，但秋末冬初较佳，也较适合市场的需要。每批暂养时间不宜过长，具体时间应根据河蟹大小、生长条件和市场行情而定。一般来讲，每批暂养时间不宜超过15天。

（3）暂养规格和密度 个体重应在100克以上，体质应强健；大蟹、中蟹、小蟹、软脚蟹、伤残蟹及病蟹应分开单养。一般不应收购、放养软壳蟹。密度应根据水温高低、水中溶解氧多少、蟹体大小和暂养时间长短来定。一般来讲，时间短的，每立方米可放养15～25千克，时间长的只能放养5～10千克。

图 9-4 成蟹暂养箱

图 9-5 蟹虾网箱

（4）暂养投饵　每箱或每 20 千克蟹撒放 1～2 千克饲料，如煮熟的黄豆、小麦、绞碎的螺蚌肉、动物内脏和小鱼小虾等；投喂的精料量不宜超过蟹重的 10％。同时，还要喂一些青饲料，如苦草、苦荬菜、辣蓼草等。

（5）暂养管理　保持水质清新，防止水质受农药和饲料污染，杜绝农药废瓶漂近蟹箱。每天应在网箱四周搅动 1～2 次，促使水体交换。注意观察，一般每 3～4 天抬箱离水检查一次，如发现病蟹、软壳蟹和顶壳蟹，及时取出单放单养。

（6）捕捉上市　捕捉时间和数量，应根据市场需求而定。方法是抬箱离水捉取，装箱出售。软脚蟹、伤残蟹不能装箱运销。运蟹箱的容积应控制在 0.05 米^3 以下，箱高不应超过 0.25 米。

6. 围网暂养

这种方式主要是针对湖泊养殖类型的一种方式，特别是资源较差的湖泊，起水的成蟹肥满度一般不会理想，必须先进围网用优质动物性饵料进行强化催肥。暂养时间一般在 15 天以上为好，经过这段时间的集中强化培育，河蟹才能达到膏肥、肉满、体质健壮，运输成活率会有较大的提高。这也是提高湖泊养蟹效益最关键的一项措施。

二、包装

根据市场及客户需要，应对河蟹进行分级包装。

1. 商品蟹选择

个体大小一致，单个体重在 100 克以上，甲壳坚硬，背甲墨绿色，腹部白色或灰白色，双螯强健，八足齐整，体肥壮，活泼有力。供出口的，雌蟹应选个体重 100 克以上、雄蟹个体重 125 克以上高品质商品河蟹。严格挑选附肢完整、壳腿粗硬结实、肉质饱满的河蟹，黄壳蟹、软壳蟹和肢残、体瘦的河蟹不能选为商品蟹，应剔除。

2. 包装工具

对河蟹的运输成活率有很大影响，一般可用网袋、蒲包、泡沫箱等作为包装容器，少量短程运输时多用塑编袋、桶、草包、蒲包等包装。

3. 包装方法

包装的运前蟹的鳃要吸足水分，保持湿润，按规格、雌雄分开盛放。蟹放置时，应让其背部朝上、腹部朝下，码放平整，装满装实，一层紧接一层，一只紧挨一只；沿盛器四周的河蟹码放时要让其头部朝上。

（1）选在盛器内铺上一层浸湿的蒲包或稻草等，后将已挑选好的商品蟹分层平放其中，河蟹装满后，应用浸湿的草包封口，然后再盖上盖子绑捆牢实，使河蟹不能爬动，以防相互钳咬肢体。

（2）用泡沫箱包装，一般泡沫箱的规格为 50 厘米×40 厘米×30 厘米，底部铺上一层无毒的新鲜水草或蒲包，蟹要逐只分层平放，四肢扎牢，放平装满，使河蟹在包装内不能自行活动，以减少运输途中体力的消耗和防止受伤，每箱装 20～25 千克河蟹，上部放少量湿润的水草后用箱盖压紧，高温时箱内要放一些碎冰。

附肢不齐全、丰满度低、体质较弱的蟹在长途运输中极易损耗，最好本地销售或者经暂养强化培育后上市运输。

三、运输与销售

商品蟹运输时间一般在 9 月下旬至 12 月，甚至到春节，一经大量捕捞暂养包装好后，要及时从产地运往销售地点（市场、超市、经销店）进行销售，随着网络电商平台和快递物流公司的快速发展，也可直接通过网络销售供应给各地的买家。

1. 运输前管理

（1）利用吊篓透水　即使经过强化暂养的河蟹，再次起捕后也不宜马上装车运输，主要因为河蟹在运输过程中如鳃部不干净也会引起河蟹运输途中发生死亡，因此，必须把蟹装置在吊篓中吊至清水处（一般放在池塘或外河水域较清澈的地方），最好在吊篓周边设置增氧装置，或在微流水处，时间掌握在 3～4 小时，让河蟹在清水中进行呼吸，吐出蟹鳃中的杂质，这样可提高运输成活率。用蟹篓透水的蟹不宜太多，太多则活动空间狭小，透水效果不理想，一般应以半篓为宜。

（2）严格滤水　透水后的河蟹也还不能马上启运，干运的河蟹含水过多同样影响成活率，应该将蟹篓起水后集中平放，让蟹篓透过水的河蟹自然滤水 1 小时，这样才能达到正常的含水标准，运输成活率会大大提高。

2. 运输时间

运输时间不宜太长，要根据气温、数量等情况灵活掌握。温度低，时间可长些；温度高要加冰运输，最好用保温车运输。运输工具可根据时间长短选择，时间控制在 3 天左右，可用汽车、轮船和飞机等运输。若运输距离短，可用网袋、木桶等装运。若运输数量多，则用筐、笼、篓或泡沫箱装运。商品蟹起运前，应将装有蟹的框（篓）放入水中浸泡一下，或者用水喷淋蟹包，以保持盛器和蟹体的湿润。蟹筐（篓）等装卸时，要做到轻拿轻放，不可掷、抛和挤压。运输途中要加强管理，防止互相挤压，防止爬动，做到透气、防风、防日晒雨淋、防高温。用汽车运输时，最好在每件盛器上盖一层湿润草包或蒲包，时间长的还要经常洒水降温。利用泡沫箱运蟹，一般为长途空运或快递，泡沫箱大小应控制在 45 厘米×60 厘米×50 厘米，这样便于操作，泡沫箱可以从专营反季节蔬菜的菜贩处回收，要预先在箱壁四周和箱底各钻一食指大小的洞，封口用胶带，瓶冰用矿泉水瓶或专用冰盒装水冻结，根据蟹的重量和运输时间适当调整，河蟹与冰水的比例为（5～10）∶1。

3. 销售处置

商品蟹运到目的地后，应打开包装立即销售，应及时散放于水泥池、水族箱中或 3～5℃的冷藏室内，不时淋水保湿。如暂时不销售不要急于打开筐（篓）等盛器，应先将盛器浸入清水中 2～3 次，每次 1～2 分钟，尔后再打开盛器，将河蟹放入暂养池或其他盛器中暂养。有条件的，可开动增氧气泵，向暂养池等增氧，对提高成活率有较好效果。不可将大批河蟹集中静水池中，以免暂养河蟹密度过大，水中缺氧而窒息死亡，或在容器中加设增氧设施，可保持河蟹的存活时间，特别要注意应将死亡的河蟹及时清除，防止影响其他蟹。

第三节
捕捞用具

一、地笼网

地笼网适宜用于捕捞放养于池塘、提水、稻田或小型湖泊、网围养殖的河蟹，是各种养殖水域中较常见的捕捞工具。地笼网平铺在河蟹养殖区内，网身的十几个网口，引诱河蟹自投罗网。河蟹一旦进入网口，便如进入了迷宫，不但很难再爬出网口，而且会越陷越深，进入笼网第二层网的深处，成为笼中之蟹。这样捕捉到的河蟹，肢体齐全，无损无伤，商品价值高。

1. 多口圆柱形蟹笼

圆柱形蟹笼是由金属或塑料做成的框架，外加网衣，有 1～4 个进蟹口，底径有 2 米、2.5 米、3 米、4 米等 4 种，底部有"十"字形筋骨架，侧面有 6 条或 8 条长 0.8～1 米的竖直支架。进口由 1 片或 4 片梯形网片扎成，外口尺寸一般为 2.1 米×1 米或 0.8 米×0.8 米，内口尺寸根据捕捞蟹的种类大小及食性而确定。用 4 条绳索将进口扎在蟹笼上、下底的网衣上。饵料盒是一个多孔的圆柱体，盒盖可以打开，用直径 3.1 毫米的细绳将其固定在蟹笼中央（图 9-6）。

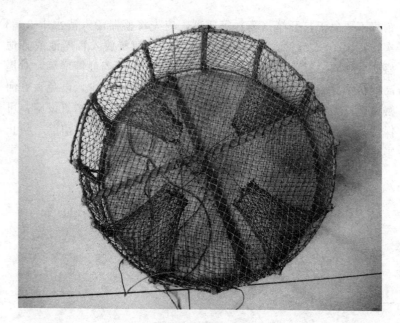

图 9-6　捕虾蟹工具

2. 单口墨水瓶状蟹笼

墨水瓶状蟹笼是使用最广的一种。过去使用的材料通常是当地出产的榛柳条或竹片，笼底直径一般为 60～80 厘米，高约 60 厘米。近几年来，这种蟹笼出现了多种形状，多种材料，规格不一。大的蟹笼底直径达 150 厘米，有的采用镀锌铁丝编成，正方形网目，目大 3.8 毫米；有的以藤、竹或塑料管子作框架，蒙上合成纤维网片。墨水瓶状笼入口在顶部。一般在入口的凹进处装有塑料圈环，以防进笼的蟹逃出（图 9-7）。

3. 盒式蟹笼

盒式蟹笼也称箱式蟹笼，有的呈方形，也有的呈正方形，侧部朝内开口（下称横口），形似漏斗，入口离底较近，一般 1～2 个，也有 3 个横口的。盒式蟹笼的材料同墨水瓶状蟹笼基本相似，有的以竹木为框架，蒙上网片，有的以铁条为框架。网片材料有白棕、西沙尔麻或合成材料（图 9-8）。

图 9-7　竹制蟹笼

图 9-8　四门篓

4. 爪篱式蟹笼

爪篱式蟹笼是一种开式蟹笼，结构简单，圆形，用竹片编成，中间安放饵料，或用宽松的网片装在竹编的圆圈上制成（图 9-9）。这种笼的饵料能较快地诱捕获物，但蟹类摄食后能自由离开，所以投放这种蟹笼时间不长就要起捕，否则会影响捕捞效果。

图 9-9 蟹篓

5. 裤形蟹笼

裤形蟹笼是用竹篾编成的"裤形"笼子，分笼身、笼腿、笼盖及倒须 4 部分。笼身形如半只蛋壳，有 3 个进出口。笼腿为集中渔获物的部分，倒须是防止河蟹外逃的设施。该蟹笼的设置，是在河道两岸打桩，系上绳索，每隔 2～3 米挂蟹笼 1 只，使蟹笼平挂水底。笼口向流。每天早晚各取蟹 1 次，如果捕的蟹较多，起笼次数要相应增加，取蟹时，船沿干绳依次起笼，揭开笼盖就可将蟹取出。

二、蟹簖

蟹簖是一种用竹子编成的结构简单的拦阻式栅箔类捕蟹工具，蟹簖主要应用于有水流的小型湖泊、网围养殖的河蟹捕捞。它的结构是利用细竹竿或粗芦苇编成箔子，在有水流的河港、湖汊的有利地段，按事先计划的阵式打桩设簖。簖的下端插入水底，上端超出水面。整条簖呈有规则的弯曲。在簖的上端悬挂一些呈鼓形的蟹篓，篓的底部有一个河蟹的进口及漏斗形的倒须，上部有盖，中间为河蟹的集中处。河蟹通过水流活动时，就被横在水面的蟹簖拦截，受阻后沿簖上爬或钻入蟹篓，捕捞时，用捞海将簖上或蟹篓内或三角抄网（图9-10）内的蟹捕捉起来。

图 9-10　三角抄网

三、旋网

旋网又称撒网，是普通捕鱼的打网类网具。捕蟹时，把浸透的麦粒或其他食物撒入河底，诱蟹集中取食，将网旋至河蟹集中之处罩住河蟹进行捕捉。

第十章

河蟹产品加工

　　河蟹的综合利用不仅仅在于营养物质的提取，更主要的是在于开发河蟹加工产品。河蟹是我国优势水产品，产量大，质量好，食用价值和经济价值极高。蟹类加工也是我国特有的，不仅国内消费者喜食，也是出口创汇的重要产品。

　　随着河蟹养殖面积的扩大、河蟹数量的增加，加之鲜活河蟹产品过于集中上市，造成一部分优质小规格河蟹价格下跌幅度较大。注重河蟹精深加工与综合利用技术研究，提高河蟹产品加工的科技含量，依托消费市场发展醉蟹生产，稳步扩大河蟹直接或煮熟加工成为蟹肉、蟹粉、蟹油等蟹制调味品的生产规模，探索提取甲壳素加工生产健康食品等，开发多元化河蟹产品，河蟹产品加工向深加工方向发展，逐步实现河蟹加工增值出口创汇，才是我国河蟹产业发展的必由之路。

第一节
原料来源

一、挑选

　　总体要求河蟹鲜活、个大、清洁。

　　1. 鲜活河蟹

　　选择 100～125 克/只规格的鲜活河蟹，要求外壳清洁，健康强壮，活动状态良好，不得有病蟹、死蟹或捕获时间太长的弱蟹。

　　2. 原料处置

　　选用鲜度及肥度良好、色泽正常的活鲜蟹作原料，收购后立即加工或置于 10℃下冷藏。

3. 膘质

选择膘肥、体健、膏肥、脂满的人工养殖河蟹。

二、暂养

影响因素主要有水质、温度、密度等，水体水生动物的呼吸、代谢会造成水质变坏，导致其死亡。

1. 水池暂养

将选好的河蟹放入洁净水池内暂养1~2天，使其吐净泥沙，要注意及时充氧、换水，并剔除死蟹、病蟹。

2. 净水法水养保活运输暂养

主要有简单的袋式装置、大容量的箱式装置和机械化的保活运输车，也可在水箱底部铺上一层膨胀珍珠岩或活性炭，可吸附代谢产生的废弃物，达到净化水质的目的。

3. 降温暂养

保持湿度的恒定并在5~10℃的相对低温条件下，控制水体变温动物的生理反应，提高河蟹的存活率；也可以在生态冰温区内，采用适当的梯度降温河蟹使其处于假死的休眠状态。

4. 保温暂养

鲜蟹→挑选分类→捆扎→装筐（塑泡箱）→加碎冰→暂存

5. 网箱暂养

选择人工养殖的螃蟹，先用网箱在大水体区域内暂养10~20天，待其肠胃内污物全部排尽，再取出。

三、清洗

（1）用流水刷洗蟹体，除去泥沙和各种污物。

（2）用毛刷逐个刷洗表面污物，并漂洗干净。

（3）逐只刮毛和揩干水汽备用。

第二节
加工分类

我国河蟹加工的传统产品主要是醉蟹、蟹粉（蟹肉）、盐渍蟹、酱渍蟹等。近几年来，水产品加工业得到了快速发展，河蟹加工及其保鲜有了很大的发展，产品日趋多样化。

一、醉蟹

醉蟹具有味鲜肉嫩、芬芳香醇的特色，风味别具一格。除在国内销售外，还外销至日本、韩国等。醉蟹、虾酱以其独特的风味和鲜明的地方特色深受古今中外食客们的青睐。醉蟹加工一般在晚秋至早春低温季节，是用鲜蟹加调料浸渍而成的生食品。

1. 醉料蟹

将原料蟹在蟹脐上敷上适量花椒盐，然后投入缸中，用甜美可口的糯米酒徐徐浇入，干渴的螃蟹争先恐后地饱饮，直至酩酊大醉，封缸月余后即成醉料蟹。

2. 制作卤液

炒锅烧热，放入花椒炒出香味后，加入清水烧沸，然后放入所有配料，自然冷却后成为醉卤液。

3. 醉料蟹放置

先将瓷坛洗净消毒，把糯米酒和醉卤液倒入，再取出醉料蟹，逐只刷洗清洁，再一只只地放入坛中，蟹放完后，倒入大曲酒封面，盖上小盘子压紧，坛口上用牛皮纸或荷叶封盖并用细绳扎牢，1周后即可开封食用。

也可用一种较快捷的醉蟹制作方法，即将洗净沥干的鲜蟹，揭开脐部，用竹签插一小孔，脐内塞椒盐盖好。配制腌制液混合搅匀后，倒进腌制的陶坛内，以淹没蟹体为度，上面加竹帘和压石使蟹体不露于制液上面，最后密封坛口，经过 3～4 天，即成口味鲜美的醉制品，可随时出坛上市。

二、精制品

河蟹具有保健、医药功效，蟹肉含有较多的蛋白质、脂肪、碳水化合物、多种微量元素和维生素。

1. 蟹味料

挑选鲜蟹壳→洗净→粉碎→加热蒸煮→汤汁加热浓缩→蟹汁

在面粉中添加适量蟹汁可生产儿童膨化食品，在鱼糜中添加适量蟹汁可生产人工蟹肉。开发诸如蟹黄酱、蟹黄粉、蟹黄汤料、蟹黄味精、蟹肉干、蟹肉速冻食品、菜肴、副食品、调味品、食品添加剂、风味佐料等食品系列，可采用罐装、盒装、袋装等形式。

2. 甲壳素

蟹壳是制造甲壳素和酮酸的原料，食品加工后的下脚料，将使蟹化工规模化成为现实。甲壳素是从蟹外壳中提取的直链高分子多糖。其化学结构和性质类似纤维素，且由于分子中特殊氨基的存在，具有许多纤维素不具备的功能，并可通过不同的化学修饰反应获得磁化、磺酸化等多种衍生物。将蟹壳经过去钙、去脂肪、漂白和脱脂质等化学处理，制成各类包括不同分子量的甲壳素制品，进行深加工和综合利用，广泛地应用于食品、饲料、医药、烟草、化工、日用化妆品、生化试验、食品添加剂和污水处理等领域。

3. 保健品

将蟹壳、蟹爪进行超微粉碎，得到的微粉为有机钙，比无机钙更容易被人体吸收利用。它可以作为添加剂，制成高钙高铁的骨粉（泥）系列食品，具有独特的营养保健功能。新鲜蟹壳、蟹爪残留蟹肉中的大量蛋白质经酶解成为呈味肽和氨基酸，脂肪和碳水化合物含量很高，还含有某些宝贵的微量元素，对其有效成分，采用现代食品加工技术，去粗存精，加以浓缩、提取，制成专供运动员饮用的无激素饮料、冲剂、口服液等；或者与其他中西药配伍，制成某些专科专用的片剂、针剂等药品。

三、休闲食品

在进行方便、风味、模拟水产食品开发的同时，还需重视保健美容水产食品等系列产品的开发。

1. 蟹酱

将洗净的鲜蟹或残余蟹脚置于缸或桶内，用木棍将蟹体捣碎，越碎越好，然后加食盐适量，每天搅拌一次，拌和要均匀，使捣碎的蟹肉沉于缸底，使其受盐均匀。经过 10 天以上腌制成熟。夏天气温高，没有出售还要继续搅拌，至天气凉爽后才停止。腌缸桶不可加盖或暴晒，以保持制品呈红黄色。

2. 蟹黄

将鲜蟹洗净沥水后，用竹签揭开背部甲壳，挖取两端壳尖及壳腰内的黄色膏脂，集中于盆内。然后整块成形，稍压水分，用塑料薄膜袋按规格包装，送入冷冻库速冻即成。

加热制成蟹黄油最好，制作方法简单，味道鲜美且耐储存。锅入熟猪油，烧至三成热，入葱末、姜末炒香，入蟹肉和蟹黄，翻炒至出蟹油，加绍酒、盐、白胡椒粉调味，打去浮沫，淋上香醋，起锅装盘即可。姜末可以适当多放一点。白胡椒粉要少放，以免制好的蟹黄产生辣味。绍酒要选江浙一带生产的，酒精度在 7°左右，去腥效果最好。香醋不要淋多，也不要直接淋在原料上，而是要沿着锅边淋下去，使之遇热迅速产生香味，否则蟹黄就会有酸味。猪油要选用自己熬制的优质品，最好不要用成品猪油。因为成品猪油含水率较大，熬制蟹黄时容易产生水分，导致蟹黄香味不足。

3. 蟹肉

挑选清水活蟹，刷洗至水清，用绳将蟹螯、腿捆扎牢固，放在蒸锅上蒸 20 分钟，离火冷却。剥蟹肉前手和工具需严格消毒，蟹必须蒸煮熟透，取出的蟹肉不能与生食物混放，蟹肉色、香、味不亚于鲜蟹。

（1）剥蟹螯肉　将蟹螯掰下，放在案板上，用菜刀顺长一切为二，再用蟹剔将肉拨出。

（2）剥蟹腿肉　将蟹腿掰开，切断蟹腿肢尖、根及连接腿端，再用小圆木棍擀出蟹肉。

（3）剔蟹盖肉　将蟹壳掰开，除去蟹胃，用蟹剔拨出蟹黄。

（4）剔蟹身肉　先将蟹黄挖出，将蟹身一切为二，除去蟹鳃，用蟹剔将蟹肉拨出，集于盆内。

（5）将剥出的蟹肉和蟹黄放入炒锅内，加上适量姜末、精盐、料酒及清水，烧开后，放入干净的瓷缸中，加熬热的猪油（以淹没蟹肉为度），冷却后，密封缸口，置于阴凉处，食用时，拨开猪油，挖出蟹肉。

4. 速冻蟹肉

原料验收→清洗去壳→切块水煮→冷却取肉→第二次水煮→冷却→挑选→装盘冻结→脱盘镀冰衣→包装→检验→冷藏

通过整块压水包装、速冻，储藏于冷库，可储至次年鲜蟹上市。

（1）原料验收　可食用的蟹，其品质新鲜，胸甲部色泽正常，无黑斑等变质异色，无异味，肥度良好（肥度好可以提高出肉率），以不影响蟹肉的质量为宜。

（2）清洗去壳　采用流动淡水，用较软的尼龙刷清洗，洗净泥沙，以防止泥沙混入蟹肉内。去掉蟹壳盖、鳃部和骨以及异物，用流动水冲洗干净。

（3）切块水煮　将蟹体对半切开，并切下蟹脚，分别放置。将切开的蟹体、蟹脚分别放入筐内，在 45～55℃水中（蒸汽加热）烫 5～6 分钟（主要目的是排净体内的血液）。

（4）冷却取肉　连筐放入冰水中急速冷却，将蟹体和蟹足的肉，取出后分别放置。

（5）第二次水煮，冷却　将取出的肉放入筐内，在 100℃沸水中煮 2～3 分钟，煮时可轻轻搅动。将煮后的蟹肉分别放入冰水中冷却，但时间不宜太长。

（6）挑选，装盘，冻结　在不锈钢台上挑出碎壳等杂物，蟹体和蟹足肉可冻在一起。每块蟹肉的重量以 0.5～1 千克为宜。务必注意摆好盘的半成品应加少量冷却水，水量以刚淹没盘表面蟹肉为宜。使蟹肉冻结在冰被之中，冻结要求蟹肉中心温度达−18℃以下才算完成。

（7）脱盘镀冰衣　速冻完成后即出速冻装置，入−5～−1℃的低温间将蟹肉块脱盘，即将冻盘浸入 10～15℃的清水中 3～5 秒后捞出倒置在包装台上。用手在托盘底部轻轻一压，即可。脱盘后立即镀冰衣可在同一低温间进行，将冻块浸入预先冷却到 1～3℃的清洁水中 3～5 秒捞出。镀冰衣厚度在 1 毫米以下，镀冰衣时注意修复外观不平整的冰块。

（8）检验，冷藏　产品应无异味、无色变、无杂质，解冻后重量不少于 97%。冷藏温度要求在−18℃以下。

5. 香辣蟹

香辣蟹适宜大众品味，色、香、味、形、口感俱佳，即开即食的河蟹精加工新产品。

（1）从做菜、烹调的思路去定型产品，采用中式菜肴烹制工艺制作。根据河蟹的嗅感特征经特殊配方秘制的调味汁，使产品不用加热在打开即食的情况下，食之无腥气，又保持河蟹独有的鲜香风味，口味南北兼容。

（2）螃蟹买回来先在淡盐水里面养半天，吐净泥沙；把螃蟹用牙刷刷洗干净，用流动水冲洗；每只螃蟹剁成 4 块；放在碗里，加少许盐、胡椒粉腌制 5 分钟。

（3）葱、姜、蒜都剁细，蒜跟生姜可以要多一点，剁椒按照自己的嗜辣程度添加，然后把它们都装在一起；一大勺生抽加一大勺蚝油、一小勺陈醋调成一碗料汁；腌制好的螃蟹块撒上淀粉，把每一块都均匀沾上淀粉，一定要每个面都沾上。

（4）炒锅放油烧热，放入蟹块煎炸至变色；蟹块变色以后盛出备用，锅里留底油；放入葱、姜、蒜、剁椒，小火炒香；倒入蟹块，转中火翻炒；烹入调料汁，翻炒入味；出锅前撒适量青葱即可。

（5）香辣蟹符合水产品加工的发展方向，避免高温杀菌带来对蟹肉的影响，保持了产品的风味和口感，安全、环保、节能、高效。产品不含任何化学防腐剂，产品绿色安全，迎合人们的消费追求。结合杀菌的工艺要求，产品包装有多种形式，适应电子商务和现代物流。

6. 河蟹调味料

以河蟹为原料生产，取新鲜河蟹洗净后破碎，利用单酶或双酶水解将其制成酶解液，过滤后加入风味酶脱苦，也可用其他海鲜的发酵液或 β-环糊精和酵母粉，或活性炭和 β-环糊精，或葡萄糖，或柠檬酸与苹果酸的混酸处理得到水解液来调味。将上述水解液过滤澄清后加入多种辅料调配，得到河蟹调味料，能最大限度地保存蟹肉中原有的生理活性物质。添加以虾头、小鱼等为辅料的发酵液，增加海鲜风味，减少蟹肉用量，降低成本。水解液经处理后可制备成蟹味调味酱或粉状调味料。

7. 大闸蟹的几种加工方法

（1）清蒸大闸蟹　这是大闸蟹最经典的做法，这种做法主要突出螃蟹原汁原味，能最大程度地保持大闸蟹的色、香、味。

（2）椒盐炒蟹　这道菜很适合下酒。将鲜活净蟹切块，用葱、姜、料酒浸几分钟，拖粉下油锅炸至金黄，加豆腐、姜、葱、盐、酱油等烩出味即可。

（3）蟹汤浸水东芥菜　先用大闸蟹熬汤，然后把这种具有地方特色的时蔬浸到蟹汤里，爽脆的芥菜也带有鲜味。

（4）淮扬蟹粉米饭　米饭上铺着一层橘红色的蟹籽，米饭跟橘红色的蟹籽互相映衬，看上去就很吸引人。把蟹肉、蟹膏挑出来，加上葱花，和蟹籽、米饭一起搅拌均匀。热腾腾的饭里透着橘红色，吃进嘴里细细咀嚼，每一粒米里都透出淡淡的蟹香味。

（5）蟹粉干捞翅　这道佳肴用大闸蟹和金钩翅制成。橘红色的蟹黄、洁白细嫩的蟹肉、透亮的鱼翅，造就色、香、味三者之极，风味独特，卖相极好。红黄相间、饱满金黄的色泽中透出一股诱人的鲜味，尝一口，浓郁的香味扑鼻而来。

（6）一品蟹包 蟹包的表面点缀着橘红色的蟹籽，晶莹油亮，像花蕊一样。夹起一块放进嘴里，大闸蟹的肉混合着蟹膏、蟹籽、花枝胶的香味，非常鲜美。

还有药膳大闸蟹、黄酒冻醉蟹等，我国有不少名菜就是用鲜蟹做成的。如天津的"金钱紫蟹""熘蟹黄"、广州的"芙蓉蟹片""脆皮炸蟹螯""姜葱炒肉蟹"、山东的"蟹黄鱼翅"、扬州的"蟹肉狮子头"、江苏靖江的"蟹黄汤包"、镇江的"清炖蟹粉狮子头"、浙江的"敦煌斗蟹"等都是中外驰名的蟹馔名菜。江苏兴化的"中庄醉蟹"还出口到国外。

第三节
河蟹产品加工工艺技术

传统河蟹产品加工大多以作坊式手工加工为主，加工比例较低且技术水平不高；废弃物利用率低，加工机械化程度不高；河蟹产品深加工企业缺乏市场意识，生产经营与市场营销严重脱节。近年来，河蟹养殖经济效益有了一定程度提高，国内河蟹加工品种不多，河蟹产品深加工基础理论缺乏，从而影响我国河蟹加工业持续发展。河蟹综合加工要依靠科技，逐步由初级加工向高附加值精深加工转变，由传统加工向现代高新技术转变，由资源消耗型向高效利用型转变，拓宽河蟹水产品加工的广度和深度，提高河蟹精深加工的增值和河蟹加工利用率。

一、机械方法

为了满足消费者回归天然的追求，采用轻微干燥等温和加工手段的高价值即食河蟹产品制品已经成为热点。耐储藏高水分河蟹调味干制品加工技术的研发，已经与世界水产食品深加工潮流同步，对赶超世界先进水平、推动整个行业的技术进步具有十分重要的意义。

1. 冷杀菌工艺和技术

采用现代先进的冷杀菌工艺和技术，避免高温杀菌带来对蟹肉的影响，产品保持河蟹的风味和口感，可采用真空袋内置非密封性组合件软包装产品。

2. 直接加工

采用先进的超声波、蒸煮、吸黄、冷冻等生产设备，直接加工活体河蟹，生产蟹黄、蟹油等系列产品，保证产品的原汁原味，保留鲜蟹的全部营养成分。

3. 加工机械

引进虾类加工专用的去头、去壳机械，可避免产品的人为污染，既节省了劳动力，又提高了工作效率。加工生产线：输送带→清洗机→预煮槽→冷却槽→螃蟹分半机→蟹黄吸附器→蟹肉采肉机→真空包装机或者相关灌装机→高温杀菌锅→强流风干机

通过传送带将螃蟹传送到劈半部分的入口，人工将螃蟹送入皮带口，螃蟹自动进入劈半部分进行劈半，劈半之后会通过传送带，进入吸蟹黄部分，蟹黄吸附率高，效果好，效率高。

二、人工方法

根据河蟹的嗅觉特征经特殊配方秘制的调味汁，使产品不用加热，打开即食，食之无腥气，又保持河蟹独有的鲜香风味，口味南北兼容。

1. 醉蟹加工

醉蟹是一种既适合工厂化生产，也适合一家一户作坊式生产，城乡居民也能自己动手制作的螃蟹加工方法。经过选料、浸养、清

洗、干放、去绒毛、灌料、腌渍、封缸、装坛、封口、成品等多道工序，产品色如鲜蟹，肉质细腻，醇香浓郁，营养丰富，色清如玉，"色、香、甜、咸、爽"五味俱佳，鲜美诱人。

2. 蟹肉加工

蟹肉加工一般需进行人工操作，操作过程如下：

原料验收→洗涤→蒸煮→取肉→挑选→漂洗→沥水→称重→装盒→封口→杀菌→冷却→速冻→包装→冷藏

取肉时应尽量保持蟹肉的完整，挑出鲜度差的肉和内骨、蟹壳粒、触角等其他杂质。

3. 蟹肉松

质地松散均一，色质金黄，鲜香适中，有蟹肉特有的味道，无酸败及其他异味。操作过程如下：

鲜蟹挑选→分级→漂洗→蒸煮→取肉→炒至九成干→加糖、盐、味精、调味料→炒干→冷却→包装→成品出售

三、检验检测

据 HACCP 原理及风险分析理论，将河蟹生产加工过程中与食源性疾病有关的危害作为重点，参考 WHO/FAO 危险性评估的基本原则，建立适合中国国情的危害分析模式和方法，对河蟹产品及其加工成品进行抽样检测，发掘出更多准确、灵敏、可操作性强的新方法，不断提高质量安全检测水平，建立加工过程质量管理体系，保证河蟹加工产品生产的质量安全。

1. 快速检测技术

建立快速检测技术，提高检测效率，降低检测成本，在短时间内可以完成大规模检测。或者适用于现场准确快速检测，主要方法有：免疫检测法、生物传感器法、PCR 检测法、蛋白质凝胶电泳法等生化检测技术；分光光度计检测法、离子选择电极法、色度计法等物理化学方法。

2. 检测试剂盒

聚合酶链反应（PCR）是一种快速、高效的检测手段，经历了传统 PCR、巢式 PCR、反转录 PCR、实时定量 PCR 直至多重 PCR 的不断改良，使得该技术日趋完善，得以充分利用。应用试剂盒检测，针对某一种具体的检测内容及最低检出限，试验并使用 PCR 鉴定检测试剂盒、生化鉴定检测试剂盒、免疫检测试剂盒等，实现快速、简便的定性、定量检测和确证，降低假阳性率。

3. 研制生物芯片

利用被检测物质的特异性，实现高通量筛选，为水产品质量安全检测和监控提供依据。利用已知序列的基因探针对未知序列的核酸序列进行杂交检测，应用生物芯片技术可以对河蟹加工产品中的有害物质进行快速检测，如有害微生物、药物残留等。

4. 检测范围

检测范围包括：鉴别伪劣食品；测定天然毒素；测定大肠杆菌、肉毒杆菌、金黄色葡萄球菌、沙门杆菌等各种微生物；检测氯霉素、呋喃唑酮、己烯雌酚等药残。

第十一章

河蟹产品质量安全追溯

通过实施质量安全追溯体系来拓展国际国内市场，推进以河蟹为重点的特色水产品质量安全追溯体系建设，从而带动河蟹生产优质化、品牌化发展，这是河蟹产业的根本出路。

|第一节|
水产品质量安全追溯的现状

一、水产品市场准入机制现状

随着人们生活水平的日益提高，水产品因其营养价值与药用价值被人们逐步认识，使得其市场和消费群体逐步扩大，需求量逐年增加。同时人们对于水产品质量、卫生的意识也在不断增强。近年来，不少水产品的有毒有害物质残留量超标，因食用有毒有害物质超标的水产品引发的人畜中毒事件，以及出口水产品及水产加工品因药物残留超标被拒收、扣留、退货、索赔、终止合同、停止贸易交往的现象时有发生。因此，水产品市场准入问题及水产品质量检测体系问题受到越来越多的关注。国家为了依法约束水产业，规范水产养殖和加工、经营，保证水产品的质量安全，出台了《无公害食品行动计划》实施纲要。市场准入制度不仅有利于水产品质量标准化的实施，而且有利于规范水产品生产和加工，维护市场交易秩序。

近年来，我国的水产品批发交易发展迅速，由于水产品规格繁多、差异大，给定价造成很大的难度。现在市场内水产品上市交易主要以散装为主，好次混杂，大小不分，连壳带泥，无包装或简易包装，无法用标准来区分质量和等级，并且以目测实物来判断质量，基本上处于原始的交易状态。另外，水产品是鲜活产品，在包装、储存、运输方面存在相当大的困难；水产品市场内脏乱的环境也难以保证水产品的质量，且大部分市场流通领域质量安全检测还是盲区，检测的种类有限，做得比较好的市场、超市也仅仅停留在甲醛的检测上，而对渔药残留超标、重金属污染、变质毒素、贝类毒素、鱼饵激素、色素等有毒有害物质的检测基本为零。这些都给水产品交易市场采用先进的交易方式、进行市场准入增加了难度。

当前推行水产品市场准入所存在的困难有以下几个方面。

1. 水产品市场准入法律法规不健全

目前，涉及水产品质量安全管理的现行法律法规极不完整，缺少专门针对水产品准入方面的法律法规，无法实施对水产品准入的全面有效监督管理。

2. 准入机制基础性制度不健全

推行水产品市场准入的大量基础性工作还没进入正常运行轨道。近年来，水产品市场商品丰富，市场竞争有利于促进水产品质量的提高。但国家或地方政府在水产品的规格质量标准和包装上还没有形成统一，有的质量标准还没有建立，标准化加工生产的水产品应该达到怎样的产品规格质量没有明确规定。因此，市场监督部门也没有规范商品质量和市场准入的具体依据。

3. 经营主体认识意识不深

市场主体经营者对水产品市场准入的重要性、必要性、迫切性认识不深、不到位。具体表现在流通领域缺乏宣传力度，水产品市场准入机制尚未建立健全。广大经商户、消费者对国家颁发的一些标准、要求，例如《中华人民共和国水产品卫生管理办法》《农产品安全质量　无公害水产品安全要求》《无公害食品　水产品中有毒有害物质的限量》等知之甚少，甚至一部分人认为水产品质量安全及准入是政府的事，没有把提高水产品质量安全看成是市场经营者应尽的职责与义务。

4. 政府推动力不强

政府对市场经营者的支持和投入太少，水产品市场检测体系建设进展缓慢。由于用于水产品检测的分析仪器设备价格昂贵，建设一个能开展水产品检测的普通检测室，需投入大量的资金；另外，开展检测工作的日常费用也很大，开展水产品市场准入初期，市场经营者难以承受高额人力、物力、财力投入，导致水产品市场检测工作进展相对缓慢。

5. 市场检测人员素质有待提高

专业的水产品质量安全检测机构成立时间不长，水产品市场质量检测缺乏经验，水产品市场检测人员更是缺乏。

二、可追溯技术在水产养殖中的发展现状

1. 国际水产品质量安全可追溯体系发展现状

近年来，世界上以发达国家为首的许多国家在探索了各种方法的基础上，陆续建立了水产品质量安全可追溯体系，基本上以欧盟和美国等国家和地区最具代表性，有强制性的和非强制性的两种方式。欧盟在水产品质量安全可追溯体系的建设方面走在世界前列，采取的是强制方式，从 2000 年提出的"从农田到餐桌"的全过程控制的理念和全面管理的食品安全框架，到 2002 年颁布的《食品基本法》初步奠定了水产品质量安全可追溯体系的基础，欧盟通过各项法规对水产品的各个环节进行严密控制，并通过水产品追溯标签制度和其他一些细则，全面切实地对水产品追溯体系进行保障。美国则以 FDA 为首的部门对水产品质量安全进行全程追溯，并制定了相应的标签管理法规，对流通水产品的管理十分严格。

2. 我国水产品质量安全可追溯体系发展现状

（1）政府推进力度不断加大 从 21 世纪初我国开始研究食品的可追溯体系及相关技术，我国中央到地方政府对水产品可追溯制度在加强食品安全监管方面的重要性和意义有了充分的认识，并逐步开展了全国性的试点研究、实验、推广工作。从 2004 年开始，国家开始从政府和科研机构层面不断展开和各地政府与企业的合作，进行试点和应用推广研究工作。截至 2012 年底，全国沿海地

区（如辽宁、天津、山东、江苏、上海、浙江、福建、广东）以及非沿海地区（北京、安徽、重庆等）均已开展了部分水产品质量安全可追溯体系的建设，通过部分地区试点和企业试点的方式逐步展开。2012年，国家农业部在山东、辽宁、江苏、福建、湖北、广东、北京、天津几个省市进行了全国水产品质量安全追溯试点。各省市也积极地开展了水产品可追溯体系建设的相关工作，随着近几年各地政府和企业做出了试点推广示范、产品的市场推广与政府的宣传等各种努力，水产品可追溯体系建设不断推进与发展。

（2）法律制度不断完善　近年来，相关水产品可追溯法律法规的不断形成和完善。国家质量监督检验检疫总局于2004年5月24日颁布了《出境水产品追溯规程（试行）》，并于当年6月17日起正式执行，明确指出为确保我国出口水产品的可追溯性及保证问题水产品可以被及时召回，要求出口水产品可以通过区分批次及批号等信息追溯到从成品到原料每一个环节。2006年，《农产品质量安全法》和《食品安全法》的颁布与实施，标志着我国包括水产品在内的农产品和食品质量安全监管进入法制化轨道，其中《农产品质量安全法》要求农产品生产企业和农民专业合作经济组织应当建立农产品生产记录。《国务院关于加强食品等产品质量安全监督管理的特别规定》于2007年开始颁布实施，其中对食品质量安全的可追溯性和食品安全出现问题时如何进行责任追究等方面作出了规定。

（3）企业的认识不断提升　当前，越来越多的企业意识到水产品质量安全可追溯体系的建设对企业在市场竞争中获取竞争优势有重要作用，实施水产品质量安全可追溯体系的企业可以树立良好的诚信的有责任感的企业形象，增加水产品的品牌价值，获得消费者和社会的认同，使其产品获得更好的销路。并且当这类水产品出现质量安全问题时，可以通过水产品质量安全可追溯体系的可追溯信息系统迅速找到出问题的环节和相关的责任者，及时召回出问题的批次产品，减轻问题对社会影响的范围，减轻企业的产品信誉损失，并能够通过及时召回和追溯确定责任，从而树立企业负责任的形象和信誉，增强消费者的正面印象和认同度。

在各省市的可追溯体系的建设实施过程中，产品标识标签的附加以及信息可追溯平台的使用逐渐扩大了消费者的认知度和认可度，但在水产品质量安全可追溯体系覆盖薄弱的水产品农贸批发市场相对认知度较低，并且在部分超市的可追溯水产品的可追溯信息由于查询过程中的不方便、信息的缺失或是查询途径的问题（如热线电话是空号等），而影响了消费者对水产品质量安全可追溯体系实施的认知。

第二节

水产品可追溯技术在河蟹产业中的应用

一、水产品可追溯技术的优点

在市场经济活动中，由于买卖双方掌握信息不对称，通常卖方比买方拥有更多的信息，造成买方进行交易和选择时不能进行最优化选择，无法选择质量更好的产品，使更优秀的产品被相对劣质的产品淘汰，使更好的生产者和产品不能进行产品的优化和技术的更新，不能提供更优质的服务，其结果是导致劣币驱逐良币现象的发生，又称为逆向选择。另一方面，市场经济交易主体买卖双方在产品信息不对称的情况下，拥有信息优势的卖方有可能隐瞒产品质量相关信息，以获取更多经济利益和竞争优势，在此过程中无视或故意损及处于信息弱势一方的买方利益，这类现象被称为败德行为。以上现象的最终结果将是市场调控失灵，无法达成资源最优化配置，不仅损害了消费者的利益，也不利于市场的良性发展，甚至不利于市场经济的稳定有序发展和法制化建设等。这就是信息不对称导致的市场失灵。

一般来说，针对信息不对称问题的解决，经济学家有两种倾向：通过市场完全竞争机制，用市场机制来解决信息不对称问题；也有学者认为，应该通过政府监管或者政府监管与行业自律相结合来调控和管制市场失灵，解决信息不对称问题。水产品质量安全可追溯体系发挥作用的原理就是主动信息公开，即卖方主动向买方告知产品质量相关的真实信息。

在质量信息低成本、可接受事后验证的条件下，如果卖方处于竞争市场，唯有主动公开信息，卖方才能和产品质量较低的竞争者区别开来，不公开信息将成为劣策略；如果卖方处于垄断市场，主动信息公开同样是最佳策略，因为它阻止了买方的逆向选择。但买方拥有足够的消费自主权，且具备充分的理性推测能力，局部而不确定的信息公开不如完整而确定的信息公开。通过提升质量验证技术降低事后验证成本以及实施产品知识培训提高买方理性推测能力、强化市场竞争性确保买方选择自由，都对于解决信息不对称的问题具有极其重要的意义。

在水产品交易市场中，最终的消费者作为买家面临着信息不对称问题的困扰，尤其是在消费生鲜产品时，消费者对其产地及环境、生产者、生产过程的添加物、流通过程、新鲜度等信息往往是不明确也无法获知的，这给消费者带来了很大的安全风险，选择时存在疑虑，尤其当水产品安全事件发生时，这种信息不对称带来的影响更加严重，不仅影响消费者的信息，也影响了整个水产品市场的信誉和实际生产、交易额；而平时水产品生产与销售过程中的信息不对称也成为不法生产者和卖家可利用的漏洞，混在合格产品中，扰乱市场经济，不利于有序市场竞争秩序。水产品质量安全可追溯体系是最直接的一种解决信息不对称的手段，即是商家主动公开信息的一种手段。

水产品质量安全可追溯体系通过直接记录水产品从生产到销售全过程的各方面信息，并在销售最终阶段通过某种载体将这些信息全部公开给买家，通过这种手段，水产品销售中消费者面临的信息不对称问题得到最基本程度的解决。当然这并不是最根本的解决手段，因为主动公开信息手段虽然给商家带来了声誉和更多被选择的机会，但是公开信息的多少和诚实程度仍然取决于商家自身，因此政府对商家所公开的信息也要进行一定程度的行政手段和法律手段的干涉，当通过法律或者行政手段强制进行的时候，也成了政府监管的一部分。如规定不得作假以及规定基本必须公开的信息内容项目等，并认识到解决信息不对称问题的信号显示机制的限制条件，是要保证买家有足够的选择自由和相应的信息识别判断能力，降低验证质量的成本等，这就需要政府在实行可追溯体系的过程中，相应地进行可追溯信息最终显示结果的简单易懂的处理，进行查询方法的普及，提供查询方法的便利性，并进行安全水产品质量的识别知识的普及等。

二、水产品质量安全可追溯技术在河蟹产业中的使用

水产品质量安全可追溯技术在河蟹产业中使用质量安全溯源物联网，为了方便管理者监管和消费者查询，目前较为普遍的河蟹产品质量安全溯源物联网终端数据管理系统是采用基于 B/S 架构（浏览器和服务器结构）的，用户不需要安装任何软件，就可以在浏览器中输入 URL（网页地址），也可以通过具有水产品质量安全溯源功能的各类终端进入主界面，与服务器端的数据进行交互操作，获取河蟹的产品质量安全溯源信息。河蟹池塘智能化养殖产品质量安全溯源物联网终端数据管理子系统框架如图 11-1 所示。

1. 河蟹质量安全溯源管理系统

河蟹质量安全溯源管理系统包括河蟹基本信息管理、河蟹养殖环境信息管理、河蟹生长信息管理、河蟹饲养投饵信息管理、河蟹疾病预防药品信息管理等。

（1）河蟹基本信息管理记录了河蟹的类型、出生时间和生产地，并给每个河蟹进行了唯一的标识管理。

（2）河蟹养殖环境信息管理主要是记录河蟹生长的水质环境，包括溶解氧、水温、pH 值、氨氮、总磷、总氮、亚硝酸盐、高锰

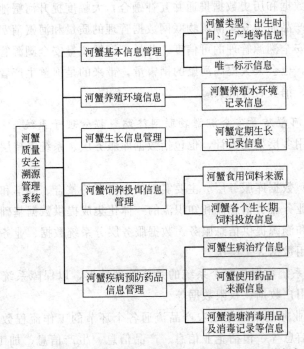

图 11-1　河蟹质量安全溯源物联网终端数据管理子系统框架

酸盐等参数信息。

（3）河蟹生长信息管理主要是每隔一段时间就会对河蟹的生长信息进行记录，包括河蟹的体型、体重、个头、状态等信息。

（4）河蟹饲养投饵信息管理主要包括河蟹食用饲料的来源、饲料所含营养元素是否合格、河蟹每个时期每天投饵次数和投饵量等信息记录。

（5）河蟹疾病预防药品信息管理主要是记录河蟹生病信息及其治疗信息、食用药品品种及来源，还有河蟹池塘消毒药品、药品来源和消毒时间等信息。

这些信息消费者都可以查到，保证消费者吃得放心。同时，河蟹池塘智能化养殖产品质量安全溯源物联网终端数据管理子系统与河蟹池塘智能化养殖物联网远程监控终端数据管理子系统所采集到的实时数据和历史数据贯通并互补融合，大幅度提升河蟹池塘智能化养殖产品质量安全溯源物联网数据管理的质量和河蟹消费者对系统质量安全溯源管理的可信度。此外，河蟹质量安全溯源管理系统的引入，也会大大提高河蟹的销售量，带来的是河蟹生产者、经营销售者、消费者等的共赢。

2. 河蟹质量安全溯源物联网终端数据管理子系统

采用多层架构设计，也包括数据库服务层、系统支持层和应用层等。

（1）数据库服务层　主要实现信息资源的整合、共享和统一管理，为业务流、信息流和知识流的一体化集成提供数据基础，为安全管理和溯源提供信息服务。数据服务层分系统数据、业务基础数据和应用数据3个层次。

① 系统数据是整个系统的系统管理数据，以保障系统正常运行，如用户数据、权限数据等。

② 业务基础数据是农产品流通各个环节的工作流程数据、流程档案信息等，包括企业信息、产品信息、生产信息、加工信息、投入品信息等。

③ 应用数据主要是用户对基础信息进行应用操作。

（2）系统支持层　应用于网络平台和数据资源层之上，提供公用和基础性的软件服务，包括即时消息、统计分析、工作流引擎、搜索引擎、报表服务、编码引擎和权限管理等基础支撑系统。这些系统涉及信息流、业务流的统一管理和应用服务，独立于具体的领域应用，避免重复开发造成的浪费。

（3）应用层　建立在网络平台、数据层和支撑层之上的安全管理及溯源系统，实现河蟹溯源安全管理系统的各个功能，包括信息编码管理、信息审核管理、安全档案管理、溯源条码打印和信息溯源查询等功能，通过用户接口为不同的用户提供信息查询和交互服务，并通过信息采集传输网关实现安全档案数据采集和各个环节数据传输与共享。

第三节

水产品质量安全追溯体系

一、系统平台

根据水产养殖的特性，水产品质量安全追溯平台融合物联网智能养殖技术，覆盖了生产、流通、查询、云台大数据等多个环节，可分为养殖数据智能采集端、基础数据录入端、溯源查询端。

1. 养殖数据智能采集端

融合了物联网智能养殖技术，物联网智能养殖池塘智能化养殖物联网的底层，也是基础设施层，主要用来获取实时的池塘水质监测数据，而数据感知又是"物联网"的核心之一（图 11-2）。

图 11-2 养殖数据智能采集端

（1）感知层的组成　感知层是由传感节点、控制节点、网关、中继节点、基站组成。感知层的传感节点通过传感器实时获取池塘水质监测数据信息并自行组网传递到网关接入点，由网关将收集到的感知数据通过中继节点（在需要的情况下）存储到基站，再由基站传输到本地监控终端或者经主干传输层传输到应用层的各类终端进行处理。

（2）感知层的控制节点　既可以获取池塘中水质控制设备（包括增氧泵、投饵机、水泵等各种水质调控设备以及其他各类无线控制终端）的运行情况并将其经网关、中继节点、基站上传到现场监控终端、本地监控终端以及远程监控终端（包括远程监控中心、客户监控终端、便携式移动监控终端等）（图 11-3），也可以接收到各个终端的控制指令并按其指令自动控制各个水质控制设备。

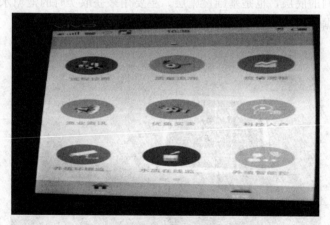

图 11-3　远程控制终端

（3）以 WSN 为核心的多模态

① 不同网络：无线传感器网络、INTERNET 网、移动公网［包括 2G（如 GPRS）/3G（如 TD-SCDMA）］、宽带公网。

② 不同类型数据：标量传感（如溶解氧、水温、pH 值、氨氮等）、矢量传感（如图像、视频和声音）以及不同层次要求。

③ 现场各种参数监测、现场被控设备——水质控制站〔（包括无线控制终端、电控箱以及空气压缩机、增氧机、循环泵等各种水质调控设备）控制及状态监控〕融合的物联网系统对水产养殖进行监控以及实现水产品质量安全与溯源。

2. 基础数据录入端

基础数据是水产品质量安全可追溯的基础支撑，准确录入追溯点投入品购置及使用情况，建立包括苗种、渔药、饲料在内的产品来源和使用记录（图11-4）。

图 11-4　基础数据录入端

（1）苗种来源及投放　准确录入塘口苗种的来源、放养品种、放养数量。

（2）饲料投喂　对追溯点购进饲料的生产厂家资质进行检查，对饲料进行检测并公示，推荐检测合格的饲料厂家和产品，保证饲料产品质量。

（3）渔药质量　对追溯点药品仓库及药品使用记录进行检查，重点检查清塘药物、苗种药浴药物、病害预防和治疗药物等，用药合规性及休药期执行情况等。

（4）流通信息　追溯点的产品的流向，准确记录水产品流向目的地的数量、来源等信息。

3. 溯源查询端

消费者通过产品自带身份号码查询产品的生产信息，包括生产

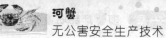
公司、生产基地、生产塘口、苗种、投入品使用等相关情况。消费者可以通过三种方式进行查询：水产品质量安全追溯监管网（图11-5）、超市专卖店的查询终端设施（图11-6）、扫描产品标签上的二维码（图11-7）。

图 11-5　水产品质量安全追溯监管网

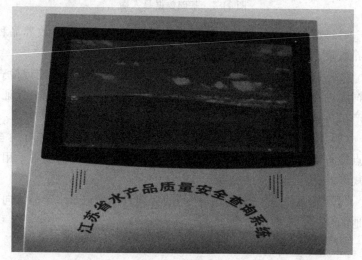

图 11-6　查询终端设施

图 11-7 产品标签二维码

4. 云台大数据端

通过数据采集端等，收集整理记录天气、生产管理、流通等基础性数据，上传云端，进行大数据计算，利用科学手段进行合理分析，优化养殖模式，调整苗种放养，制定生产管理措施，提高生产技术水平，精确控制生产行为。

二、追溯方法

国内现行的水产品质量安全可追溯技术大致有三种：第一种是RFID无线射频技术，在水产品包装上加贴一个带芯片的标识，水产品进出仓库和运输就可以自动采集和读取相关的信息，水产品的流向都可以记录在芯片上；第二种是二维码，消费者只需要通过带摄像头的手机拍摄二维码，就能查询到水产品的相关信息，查询的记录都会保留在系统内，一旦水产品需要召回就可以直接发送短信给消费者，实现精准召回；第三种是条码加上水产品批次信息（如生产日期、生产时间、批号等），采用这种方式，水产品生产企业基本不增加生产成本。下面主要介绍 RFID 无线射频技术和二维码。

1. 射频识别技术（RFID）

RFID 俗称电子标签，它是一项利用射频信号通过空间耦合（交变磁场或电磁场）实现无接触信息传递并通过所传递的信息达到识别目的的技术。

（1）RFID 可识别高速运动物体并可同时识别多个标签，操作快捷方便。RFID 是一种简单的无线系统，由一个询问器（阅读器）和多个应答器（标签）组成。由于它是一种非接触式的自动识别技术，因此不需要人工干预，可工作于各种恶劣环境。

（2）一套完整的 RFID 系统是由阅读器与电子标签及应用软件系统三个部分组成，其工作原理是阅读器发射一特定频率的无线电波能量给电子应答器，用以驱动应答器电路将内部的数据送出，此时阅读器便依序接收解读数据，送给应用程序做相应的处理。

（3）基于 RFID 标签对物体的唯一标识性，使它成为物联网的热点技术。RFID 技术具有防水、防磁、耐高温、使用寿命长、读取距离大、数据可以加密、存储信息更改自如等优点，广泛应用在各个领域。

2. 二维码（two-dimensional code）

二维码又称二维条码，它是用特定的几何图形按一定规律在平面（二维方向）上分布的黑白相间的图形，是所有信息数据的一把钥匙。

（1）在现代商业活动中，二维码可实现的应用十分广泛，如：产品防伪/溯源、网站链接、数据下载、商品交易、定位/导航、电子凭证、车辆管理、信息传递、名片交流、WIFI 共享等。如今智能手机的扫描功能，使得二维码的应用更加普遍。

（2）二维码在代码编制上巧妙地利用构成计算机内部逻辑基础的"0""1"比特流的概念，使用若干个与二进制相对应的几何形体来表示文字数值信息，通过图像输入设备或光电扫描设备自动识读以实现信息自动处理。

（3）在许多种类的二维条码中，常用的码制有 Data Matrix、Aztec、QR Code、Code 49 和 Code 16K 等，每种码制有其特定的字符集，每个字符占有一定的宽度，具有一定的校验功能等。同时，还具有对不同行的信息自动识别功能及处理图形旋转变化等特点。

三、追溯监管

水产品质量安全可追溯体系的运行过程非常复杂，涉及许多环节、链条，每个链条的节点上的相关主体以及主体行为，以及相关主体的行为。水产品从生产到流通和销售的过程中又分为多种途径和方式，管理过程更为复杂，监管更为困难，为了进行可追溯的全面覆盖，监管更多非规范的流通和销售链条，要充分考虑大众消费者的观念、利益和需求。

1. 政府监管

按照属地管理的原则，一层一层剥离，充分调动各级政府的积极性，主动推广和强化辖区内的水产生产企业参与和使用可追溯体系，集数据、图像实时采集、无线传输、智能处理和预测预警信息发布、辅助决策等功能于一体，认真履行职责，同时建立区域性的监管中心和监管平台（图11-8）。通过对水质参数的准确检测、数据的可靠传输、信息的智能处理以及控制机构的智能控制，实现水产养殖的科学养殖与管理，加强政府对水产品质量安全的监管作用，最终实现节能降耗、绿色环保、生态修复、增产增收的目标。

2. 大众监管

加强对相关知识的宣传教育，加大宣传力度，在各类媒体上投入广告和一定的科普知识宣传节目，在街头、社区、网站等以各类宣传材料和活动向社会大众进行水产品质量安全可追溯体系相关知

图 11-8 　江苏省兴化水产品质量安全追溯监管平台

识的宣传，使社会大众加强对水产品质量安全可追溯体系的运行方式、作用和优势的知识认知，并充分了解进行水产品可追溯查询的方式与操作步骤，使社会大众在认识的基础上产生认同，既有利于水产品质量安全可追溯体系的更好发展，也有利于社会大众通过在认同基础上的品牌产品选择，以市场机制优胜劣汰，促使更多企业认识到参与可追溯体系的益处，加入可追溯体系的运行体系中，在社会上形成良性循环。其最终结果是企业提升了品牌形象和价值、升级了生产技术和管理方式、优化了流通链，并在责任追溯明确快速的可追溯体系和法律的双重约束下生产更安全的产品，消费者能买到来源明确、信息明确的更安全可靠的水产品，政府加强了对水产品安全的监管，提高了监管效率和产品召回与责任追溯速度，提高了社会稳定程度，水产品产业也进行了整合升级，市场经济更加有序运行。

3. 行业制度监管

构建我国水产品质量安全可追溯体系的过程中，建立我国水产品安全可追溯相关标准体系。可追溯体系的运行过程中，最关键的就是水产品安全可追溯相关信息的记录、存储与传递，因此水产品安全可追溯相关标准至关重要，没有相关标准，统一的安全信息将无从产生，包括水产品安全相关检测标准、生产加工标准、流通过程中的相关安全标准、可追溯信息采集标准、可追溯信息编码标准、标签或标识相关标准等。通过水产品安全可追溯相关标准体系的运行，实现标准化生产和设施渔业技术、生态修复、健康养殖技术的有机融合，对水质进行综合监控与修复，可以改善水产养殖环境，使水产品在适宜的环境下生长，增强水产品的抗病能力，减少和避免大规模病害的发生，并且能实现水产品质量安全与溯源，从而有效提高了水产品的产量和质量。

第十二章

河蟹养殖生产过程中的天气灾害预警

渔业与农业、林业、牧业一样，是在一定自然条件下进行的，而气象条件作为自然条件的重要因素，对水产养殖业有着重要的影响，光、热、水、气等气象要素是否适宜，会直接影响到各种水产生物的繁殖、孵化以及幼苗的投放、管理等，从而影响到水产养殖的丰歉、品质和成本的高低。因此，及时准确的气象天气灾害预警是保证河蟹养殖生产成功的重要条件。

第一节　气象条件对水产养殖的总体影响

养殖方式的多元化和生长周期缩短，河蟹养殖与气象条件关系极大，除受气温、气压、日照和雷雨大风等天气现象制约以外，水温、溶解氧和酸碱度等水环境对水产养殖也有较大影响。

一、生理活动的直接危害

气象条件对河蟹生理活动的直接危害包括生长、发育、繁殖、摄食等，由于水体的热、光、氧、水面大小与水体深浅等，不仅为水生生物生活所必需，而且作为能源不断地被水生生物所同化（如光合产物），进入食物链和体能平衡，它们是水产养殖不可缺少的资源因子。所以，水域的温度、光照、水源、水的流动与更新能力，溶解氧的水质基础等及有关大气环境均应属于水产气候资源，成为直接影响河蟹生理活动的气象条件。人们可以在充分认识季节变化和区域差异规律的基础上，合理地、最大限度地利用它们，以促进水产养殖对象——河蟹的充分生长，增加产量。

二、栖息水环境的影响

通过影响其栖息的水环境，间接地造成危害。与水生生物关系密切的水体物理、化学状况，如水温、水透光量、水溶氧量、水源等直接受制于大气环境的太阳辐射、气温、降水、风速等气象因子，各种水域的水文气象特征是在一定水文地形条件下大气环境作用的产物。年际间的气象波动或异常必然会导致水生环境条件的相应改变，可能造成对鱼类等养殖对象生长发育的某些有利或不利的反应。

三、人工繁殖的影响

1. 低温冷害

低温冷害对水产生物的影响在春、秋、冬季均可发生。春季低温冷害一般是在春季气温逐渐回暖过程中，由间歇性冷空气侵袭，造成气温骤降或气温日较差增大，引起危害，它主要是对水产生物幼体产生危害。

2. 外界环境条件

大多水产生物的产卵繁殖（特别是人工繁殖）主要集中在春季，而繁殖期间对外界环境条件特别是温度条件的要求尤为严格，而有些地方为了提早繁殖生产季节时间，对亲鱼进行催产，如果遇到较明显的降温，不仅影响幼体的成活率，还直接影响幼体新陈代谢速度，甚至会使整个繁殖过程失败，造成巨大的经济损失。而且，还会由于不能按期供苗，直接影响到全年的计划。

3. 水域中的环境因子

河蟹一生经历受精卵、溞状幼体、大眼幼体、幼蟹和成蟹 5 个发育阶段，从溞状幼体阶段起开始逐步适应淡水生活，以后在淡水中生长发育。河蟹一生要蜕壳 20 多次，其个体的增长变态全靠蜕壳来实现。河蟹生存水域中的环境因子对其发育繁殖影响主要表现在：

（1）直接影响　对河蟹的生存和生长发育起作用，如营养供应和水温、溶氧量、溶解盐度等不适合时，会对亲蟹的发育有不良的影响，繁育出来的幼蟹质量不佳。

（2）间接影响 如光照条件、水域底质等。各环境因子间相互影响，相互制约，它们对河蟹的影响是综合作用。当溶氧量高，水温、光照、溶解盐度适宜，营养好时亲蟹发育相应良好，繁育的幼蟹质量相对较好，能为养殖户提供优质苗种，打下丰产高收的基础。

四、对苗种放养的影响

1. 天气

初春是放养苗种的好时候，投放苗种要在晴天、风小的天气进行。雨、雪等不良天气易使养殖对象冻伤，降低成活率，同时操作不便。春季低温阴雨和忽冷忽热天气，会引起池塘的藻类大量死亡，水质变坏，水色变黑，造成塘水缺氧，苗种成活率低。

2. 低温

春季气温不稳定，低温天气较多时，有效积温偏低，造成苗种成活率偏低。

（1）水温偏低使已放养的青虾、河蟹等品种不上食、蜕壳困难。

（2）气温偏低导致苗种生产不稳定，池塘养殖苗种受影响。

（3）因气温偏低，苗种放养时间受到影响。同时水温的急剧升降，对水产苗种生长发育造成较大的影响，更会导致发生病害和死亡。

3. 干旱

影响苗种繁育和投放。由于干旱缺水，苗种孵化不能正常进行，孵化量减少。同时池塘干涸制约种苗投放，旱灾导致养殖池塘没有水或者贮水不足，不能及时投放苗种或投足苗种，投放的鱼种成活率降低。

五、对摄食的影响

影响鱼、虾、蟹摄食的直接因素是水温，水产动物不同品种规格对水温具有不同的适应性。在其适温范围内，水温越高养殖对象摄食量越大，生长速度也逐渐加快，这个范围的水温维持时间越长，个体增长越快。

河蟹在水温＞5℃开始摄食，＞10℃开始生长，水温在15～25℃迅速生长。如果水温长时间＞28℃，死亡率高且易得性腺早熟病，俗称小老蟹病。当水温超过37℃时，河蟹停止摄食，行动缓慢，体能消耗大，昏迷，直至死亡。

水温与天气气候条件有关，在进行食料投喂时，应考虑天气气候因素。河蟹日摄食高峰是在傍晚前后。天气晴朗，河蟹活动正常，可多投食；阴雨天气少投食；天气闷热，有大雨将至时也应少投食；夏秋季，日最高气温在35℃以上（一般在14～15时前后出现）时投食时间应适当推后；冬季遇晴好天气，可给扣蟹投喂少量的食料；气象台预报有暴雨时，可不投食，但雨停且24小时内无降水或仅有中雨量级以下的降水天气时应多投食。

六、对养殖生产管理的影响

1. 暴雨

暴雨的降水强度很大，一旦降暴雨，容易造成塘水漫顶跑蟹，蟹池漏水或决堤等。暴雨还通过改变水源、水的肥沃度、水质等水域生态环境来间接影响水产生物的生长、发育、繁殖。

① 下雨后池水分层，上下层水温相差较大，造成养殖对象生病。

② 暴雨导致底层溶解氧不足，引起浮头。

③ 下雨使藻类的正常生长受影响，有可能造成藻类大量死亡，导致养殖水质变坏。

2. 干旱

长期干旱使得池塘蓄水困难，间接增大了水产动物生存密度，养殖用水得不到更新，水体温度偏高，水体自净能力减弱，池底污染严重，池水混浊，缺氧浮头及疾病发生加剧，容易导致大量泛塘死鱼。

3. 高温

高温季节养殖池塘易出现水质不良、病害频发、缺氧浮头等情况。高温低压天气池塘溶解氧不足，同时池底有机物分解加速，大量消耗底层溶氧，容易造成底层缺氧，最直接的影响就是养殖鱼类浮头、泛池，池底有毒物质增加，水质恶化。

4. 低温冷害

低温冷害对鱼虾蟹的影响在春、秋季发生。

（1）春季低温冷害一般是在春季气温逐渐回暖过程中，由间歇性冷空气侵袭，造成气温骤降或气温日较差增大，引起危害，它主要是对鱼虾蟹幼体产生危害。

（2）秋季低温冷害主要发生在晚秋。对于上市较晚的鱼虾蟹，如果在其收获前期遇到较强冷空气侵袭，超过其适应能力，就会被冻死而减产。

5. 风害

风力对水溶解氧的速度有一定的影响，适宜的风速为3～4级，水面有微小的波浪。风速每增加1米/秒，水中溶解氧浓度增加0.5毫克/升。风速过大时会影响养殖对象的活动和摄食，毁坏防逃设施。

6. 气压

气压低时，水中溶解氧浓度较低，会影响养殖对象的呼吸、活动和摄食，长时间缺氧时，影响其生长发育，甚至引起死亡。

七、对疾病防治的影响

水产动物疾病预防为主，防重于治。高温天气水温高，鱼、虾、蟹生长旺盛，而危害鱼、虾、蟹的病原微生物及有害物质数量也大增，水的浓度大，易感染疾病。在低温20℃以下时，耐受能力强，身体内部潜藏的病菌和病毒都不易暴露，也不易生病。随着水温的上升，病菌和病毒开始活动，易暴发疾病。在高温下，对外来病毒侵袭的抵御能力大大削弱，特别是持续高温，容易发病。同时高温对药物也有影响，在一定范围内，温度的升高能增强消毒作用。但温度高时药物挥发速度也加快，温度每升高10℃，药物毒性增强2～3倍，在施用药物时要慎重。

药物施用对天气的要求很高，在有风、凉爽的晴天用药，应避开阳光直射的午间，宜在傍晚进行。切忌在高温时间用药，以免造成鱼塘大面积缺氧死亡。风向和风力对水产药物的施用也有一定的影响，如用硫酸铜杀灭蓝藻时，只能在下风处集中洒药，不宜全池泼洒。

八、对捕捞销售的影响

鱼、虾、蟹捕捞与风向、气温等气象因子有很大关系，在天气炎热的夏秋季捕鱼，水温高，鱼的活动能力强，捕捞较困难，加上鱼类耗氧量增大，不能忍耐较长时间密集，而捕在网内的鱼大部分要回池，如在网内停留时间过长，很容易受到伤害或缺氧死亡，因此夏秋季水温高时捕鱼需操作细致、熟练、轻快。在刮西北风和东北风时河蟹回捕量较高，河蟹的捕捞要在池水封冻前进行，如过晚，遇上寒潮来临，河蟹常会钻入池底或洞内，给捕捞带来很大困难。

第二节

中华绒螯蟹生态养殖与气象指标

气象条件为自然条件的重要因素之一，光、热、水、气等气象要素是否适宜，会直接影响到各种水产生物的繁殖、孵化以及幼苗的投放、管理等，从而影响到水产养殖的丰歉、品质和成本的高低。

一、生态养殖

我国湖荡众多，水质清新，水草、螺蚬等天然水生动植物饵料资源丰富，气候温和，水温适中，很适合河蟹养殖。河蟹生长快、个体大、品质好，加之水质较好，出产的河蟹青背白底、金爪黄毛，为蟹中佳品，不少地方是中华绒螯蟹（俗称大闸蟹、河蟹、螃蟹）的生产基地。20 世纪 90 年代初，随着在河蟹繁育与养殖技术上取得生产性突破，河蟹养殖模式发生了很大变化，从人工放流自然生长的单一养殖模式，发展为以围栏、大塘养殖、稻田养殖等形式为主的多元化养殖模式，生长周期也由上年投（放）蟹苗次年收获的跨年度养殖模式改进成当年投（放）蟹苗当年收获的模式。

所谓中华绒螯蟹成蟹生态养殖是指从育苗池中捕获一、二龄幼蟹（又名扣蟹），再按一定的比例，一般为每平方米池塘放入 1～1.2 只扣蟹，放入种植多种水草，投放活螺蛳的池塘，然后进行无污染、无激素的养殖，河蟹再经 5～6 次蜕壳长成成蟹。养殖池塘带有环沟或地势平坦，靠近水质好，水源有保障，环沟最深处约 2 米左右，每个池塘的面积为 2～3 公顷，为正方形。在苏、浙、皖地区每年的 2～3 月放养扣蟹，早的在上一年 12 月份放养。扣蟹在池塘中，经过 200～260 天的生长，到 10～11 月成熟上市，较早的 9 月中下旬就可上市。

二、气象指标

1. 幼苗放养期（2 月上中旬至 3 月上旬）

（1）气象指标　蟹苗放养时间为冬前冬后，正冬不放。如果想河蟹提前成熟上市，可在冬前放养，不过成活率很低，一般只有 20％～30％。大多数为越冬后放养。当平均气温和水温稳定通过 5℃以上时，就可以放养蟹苗。气温和水温达 10℃时投放最适宜，放养时的天气最好为多云天气。蟹苗放养以后，天气晴好，温度高，生长快，成活率就高。

气温在 5℃以下或雨雪天气时，起捕、运输及放养蟹种易造成蟹种冻伤。出现倒春寒和长时间的低温阴雨寡照天气，水温偏低，蟹苗体质变弱，易造成死亡。气温过高，在15℃以上，幼蟹活动能力强，在起捕、运输过程中，因脱离水体时间长，也易造成伤亡。

（2）主要气象灾害　低温阴雨，间歇性冷空气侵袭。

（3）主要渔事建议

① 选择连续晴好天气、气温和水温在5℃以上时放苗。蟹苗的放养要尽可能避开阴雨、低温冰冻天气。放苗前，幼蟹最好要进行杀菌消毒，可用3％食盐水浸泡2～3分钟。如蟹苗经长途运输离水时间较长的话，一般不宜直接倒入养蟹池塘。可先将蟹苗连同包装网袋放入水中浸泡，如此反复2～3次，每次间隔2～3分钟，使蟹苗适应养殖池塘水温后，再让其自由爬入水中。放养时应注意全池均匀放养，不要集中在一处。长江中下游地区一般在3月上旬结束放养。

② 蟹苗放养以后，每天早晚各巡池一遍，观察幼蟹的生长及摄食情况，定期对养殖区水质进行检测，发现问题及时处理。定期对水体进行消毒，预防病害。

③ 及早开食，科学投喂。当水温上升到8℃以上时，螃蟹开始摄食，摄食量随水温的升高而逐渐增大。因此，投饵应掌握由少到多的原则，饵料要精细适口。

④ 防低温阴雨，气温在5℃以下或雨雪天气时，不能喂食。出现持续冰冻天气3天左右时会造成缺氧，应及时破冰增氧。

2. 蜕壳生长期（3月中旬至9月上旬）

幼蟹投放到养殖池塘后，主要依赖蜕壳生长，每蜕一次壳，个体就增大一次，此期间河蟹共蜕壳5次，少数6次，就可以成熟。在气象条件正常年份情况下，河蟹一般3月下旬第一次蜕壳开始，4月中旬中后期第二次蜕壳开始，5月中旬中后期第三次蜕壳开始，6月下旬前期第四次蜕壳开始，7～8月的高温时段，河蟹很少蜕壳，8月下旬最后一次蜕壳开始，至9月上中旬基本结束。

（1）气象指标　该时期是河蟹生态养殖的关键时期，受气象因素变化的影响非常大。特别是蜕壳期间，气象因素变化会影响到蜕壳的早迟和伤亡率的高低。

① 温度 河蟹蜕壳生长的最适温度为 18～28℃，在此温度之间，河蟹蜕壳生长迅速养分需求量大，摄食旺盛，蜕壳周期相对缩短；当连续 3 天以上，水深 60 厘米的水温超过 28℃时，平均气温超 30℃时，河蟹蜕壳和生长就会受到抑制，螃蟹退入深水或阴暗处，少动，觅食没有规律。当温度超过 35℃以上时，河蟹就不能正常蜕壳生长；这样的高温天气持续 8～10 天，养殖环境不理想的话，河蟹就会诱发疾病，死亡率增高。当温度维持在 38℃以上 3～4 天时；河蟹基本进入休眠状态，死亡率急剧上升。

② 降水 降水因素中，除特大暴雨或洪涝灾害（把养殖池塘淹没）和严重干旱（长时间无雨，造成湖泊干涸，无水供给养殖池塘）给河蟹养殖带来毁灭性的灾难外，均匀性降水一般都利于河蟹蜕壳生长。但 3～6 月超过 3 天以上的连阴雨，会增加河蟹发病的概率，使河蟹生长环境变差，不利于河蟹正常蜕壳生长。7～8 月高温期间，降水能带来降温，反而较利于河蟹生长。

③ 日照 河蟹是夜游性的甲壳动物，通常是傍晚至深夜觅食。不喜强光喜弱光，一般昼伏夜出，白天隐藏在洞穴池底和草丛中，夜间活动强、觅食多。日照好，有利于提升水温，特别在 3～5 月，尤为重要。日照多，水温高，有利于河蟹摄食，增强体质，使河蟹蜕壳生长更顺利。同时，日照足，有利于水草的光合作用及生长。水草可为河蟹提供天然饵料、净化水质、增加溶氧，并营造良好的生态环境，同时也可起到夏季降温遮光的作用，是提高河蟹品质和产量的重要因子。但是，7～8 月高温期间强日照，会使水草易腐烂，败坏水质，同时还会升高水温，不利于螃蟹生长。总之，3～5月份日照时数比常年同期值多，较利于河蟹生长；7～8 月份日照时数比常年同期值多，不利于河蟹生长。

④ 风 风一般利于河蟹蜕壳生长，因为，风使水面产生波浪，有利于空气流动，这样就增加了水中的氧气，即水中溶解氧增加了。而河蟹正常蜕壳生长的溶解氧值为 5 毫克/升，低于这个值，

蜕壳生长就不利，越高越有利。但是，强风会破坏河蟹养殖设施，会使池塘水质变混，不利于河蟹生态养殖。

（2）主要气象灾害　高温、连阴雨、特大暴雨、特大干旱、大风。

（3）主要渔事建议

① 3～5 月培植水草，调节水质。趁晴好天气，移栽和种植河蟹喜爱的水草，如伊乐藻、苦草等，注意对种植水草的保护，种植水草幼苗期，最好用网围起来，避免河蟹活动或投饵量少的时段，水草被河蟹带起或夹断。特别要重视肥水和换水，多用氨基酸和微生物制剂调节水质。7～10 天换水一次，换水量不宜过大，一般在20～30 厘米。同时，加强病害防治，搞好水体消毒，增强河蟹体质及自身抗病能力，促进河蟹快速生长。

② 6 月进入梅雨季节后，池塘光照条件差，水体营养物质易缺乏，水质极易恶化；气压低，湿度大，容易造成缺氧，所以水质调控很重要。勤开增氧机，特别是晚上和后半夜；同时控制投饲量，做好病害预防。

③ 7～8 月高温天气增加水深来降低水温，池塘水位最深处应保持在 1.5 米以上。保持池水新鲜，且溶解氧充足。水草面积保持在 2/3 左右。

④ 大风暴雨来临前，要加固网围设施和船桩；加固看护棚和养殖池埂；适当降低水位；加强安全防范措施；适当减少投饲料或不投饲。大风暴雨过后及时做好设施维修工作。

3. 成熟期（9 月中旬至 11 月）

（1）气象指标　进入 9 月中旬以后，大多数河蟹已不再蜕壳，进入成熟期。此阶段养殖重点工作是催肥提膘，提高水产品质量。温度是影响河蟹成熟的主要气象因子。当平均温度高于 30℃以上，会延长河蟹最后一次蜕壳时间，加上气压低，易缺氧，造成河蟹生长滞缓和伤亡，并推迟成熟上市；当温度低于 10℃ 的时间，来得早，来得快，螃蟹成熟迟，较瘦，并提前进入休眠期，不易捕获。

（2）主要气象灾害　高温、低温。

（3）主要渔事建议

① 根据气温、成蟹的大小和市场行情，适时捕捞，一般应在池水封冻前进行，一旦遇上寒潮来临，河蟹常会钻入池底或洞内，给捕捞带来很大困难。也可以雌雄分开到来年上市。

② 科学合理投饵，在饵料投喂上要以动物性饵料为主，满足河蟹育肥增重、快速生长的需求，达到优质、高产、高效。

③ 防低温。寒潮来临时，适当加深水位保持水温，并相应减少投饵量。

④ 防缺氧。温度高，气压低的天气，水体中溶解氧低，要增加水体对流，适当开启增氧机增加水体溶解氧。温度高、气压低的天气，千万不要捕获暂养，容易造成河蟹缺氧死亡。

第三节

河蟹养殖生产过程中的天气灾害应对

一、早期

1. 主要气象灾害

低温阴雨，冰冻。

2. 主要渔事建议

（1）选择连续晴好天气、气温和水温在5℃以上时放苗。蟹苗的放养要尽可能避开阴雨低温、冰冻天气。放苗前，幼蟹最好要进行杀菌消毒，可用3％食盐水浸泡2～3分钟。如蟹苗经长途运输离水时间较长的话，一般不宜直接倒入养蟹池塘。可先将蟹苗连同包装网袋放入水中浸泡，如此反复2～3次，每次间隔2～3分钟，使蟹苗适应养殖池塘水温后，再让其自由爬入水中。放养时应注意全池均匀放养，不要集中在一处。在长江中下游地区一般在3月上旬结束放养。

（2）蟹苗放养以后，每天早晚各巡池一遍，观察幼蟹的生长及摄食情况，定期对养殖区水质进行检测，发现问题及时处理。定期对水体进行消毒，预防病害。

（3）及早开食，科学投喂。当水温上升到8℃以上时，螃蟹开始摄食，摄食量随水温的升高而逐渐增大。因此，投饵应掌握由少到多的原则，饵料要精细适口。

（4）防低温阴雨。气温在5℃以下或雨雪天气时，不能喂食。出现持续冰冻天气3天左右时会造成缺氧，应及时破冰增氧。

二、蜕壳生长期

1. 主要气象灾害

高温、连阴雨、特大暴雨、特大干旱、大风、冰雹。

2. 主要渔事建议

（1）3～5月培植水草，调节水质。趁晴好天气，移栽和种植河蟹喜爱的水草，如伊乐藻、苦草等，注意对种植水草的保护，种植水草幼苗期，最好用网围起来，避免河蟹活动或投饵量少时，水草被河蟹带起或夹断。特别要重视肥水和换水，多用氨基酸和微生物制剂调节水质。7～10天换水一次，换水量不宜过大，一般在20～30厘米。同时，加强病害防治，搞好水体消毒，增强河蟹体质及自身抗病能力，促进河蟹快速生长。

（2）6月进入梅雨季节后，池塘光照条件差，水体营养物质易缺乏，水质极易恶化；气压低，湿度大，容易造成缺氧，所以水质调控很重要。勤开增氧机，特别是晚上和后半夜；同时控制投饲量，做好病害预防。

（3）7～8月高温天气增加水深，降低水温，池塘水位最深处应保持在1.5米以上。保持池水新鲜，且溶解氧充足。水草面积保持在2/3左右。

（4）大风暴雨来临前，要加固网围设施和船桩；加固看护棚和养殖池埂；适当降低水位；加强安全防范措施；适当减少投饲料或不投饲。大风暴雨过后及时做好设施维修工作。

三、成熟期

1. 主要气象灾害

高温、低温、连阴雨、寒潮、大风。

2. 主要渔事建议

（1）根据气温、成蟹的大小和市场行情，适时捕捞，一般应在池水封冻前进行，一旦遇上寒潮来临，河蟹常会钻入池底或洞内，给捕捞带来很大困难。也可以雌雄分开到来年上市。

（2）科学合理投饵，在饵料投喂上要以动物性饵料为主，满足河蟹育肥增重、快速生长的需求，达到优质、高产、高效。

（3）防低温。寒潮、大风来临时，适当加深水位保持水温，并相应减少投饵量。

（4）防缺氧。温度高、气压低、连阴雨的天气，水体中溶解氧低，要增加水体对流，适当开启增氧机，增加水体溶解氧。温度高、气压低、连阴雨的天气，千万不要捕获暂养，造成河蟹缺氧死亡。

河 蟹
无公害安全生产技术

［1］ 王克行．虾蟹类增养殖学［M］．北京:中国农业出版社，1997.

［2］ 王武，王成辉，马旭446．河蟹生态养殖［M］．北京:中国农业出版社，2014.

［3］ 黄瑞，张欣．虾蟹增养殖技术［M］．北京:化学工业出版社，2015.

［4］ 周刚，周军．河蟹规模化健康养殖技术［M］．北京:中国农业出版社，2012.

［5］ 杨秀华．浅谈苏南河蟹养殖水质调控［OL］，2009.

［6］ 唐玉华．河蟹养殖池塘中青苔的危害及防治技术［OL］．2014.

［7］ 程华．大规格河蟹生态养殖水质调控技术［OL］．2011.

［8］ 2013年执业兽医资格考试应试指南（水生动物类）［M］．北京:中国农业出版社，2013.

［9］ 宋家新．江苏沿江特色渔业［C］．北京:中国农业出版社，2005.

［10］ 曾漪青．河蟹加工技术新探［J］．科学养鱼，2003.

［11］ 郝涤非．河蟹加工及综合利用技术［J］．科学养鱼，2014.

［12］ 朱清顺，苗玉霞．河蟹规模化养殖关键技术［M］．南京:江苏科学技术出版社，2002.

［13］ 林乐峰．河蟹生态养殖与标准化管理［M］．北京:中国农业出版社，2007.

［14］ 李应森，王武．河蟹高效生态养殖问答与图解［M］．北京:海洋出版社，2001.

［15］ 羊茜，占家智．河蟹这样养殖最赚钱［M］．北京:科学技术文献出版社，2003（1）:170.

［16］ 尚富富．河蟹的营养需求与配合饲料制作［J］．水产养殖，2006. 27-2:24-26.

［17］ 艾春香，陈立侨等．虾蟹类维生素营养的研究进展［J］．浙江海洋学院学报，2001. 20:50-58.

［18］ 陈顺明．确定河蟹饲料投喂量的原则［J］．渔业致富指南，2014.

［19］ 章秋虎．浅谈鱼病的综合防治及渔药的科学使用［J］．中国水产，2003.

［20］ 王玉堂．渔药的合理使用［J］．中国水产，2010.

［21］ 杨先乐，郭微微，孙琪．水产品质量安全与渔药的规范使用［J］．中国渔业质量标准，2013.

［22］吴加平，姚田玉．水产养殖用药中存在的问题与解决对策［J］．渔业致富指南，2015．

［23］周刚．河蟹高效养殖模式攻略［M］．北京：中国农业出版社，2015．

［24］周真．我国水产品质量安全可追溯体系研究［D］．青岛：中国海洋大学．2013．

［25］程华．大规格河蟹生态养殖水质调控技术［OL］．2011．

［26］冒树泉，张家国．河蟹营养需求研究的最新进展［J］．齐鲁渔业，2008,25（5）：21-24．

［27］蒋宏斌．增氧设备在水产养殖中的应用［J］．中国水产,2011（11）：49-50．

［28］孙月平，赵德安，洪剑青等．河蟹养殖船载自动均匀投饵系统设计及效果试验［J］．农业工程学报,2015,31（11）：31-39．

［29］谢国兴，陈正锦，鲍胜华等．河蟹生态健康养殖池塘中水草的栽培［J］．水产养殖，2013,12（2）：45-46．

［30］陈昌福，简勇，刘孝富．生物肥料在淡水水产养殖业中的应用（上）［J］．渔业致富指南,2006（15）：59-60．

［31］张豫，胡炜，宋爱环等．光合细菌的特性及在水产养殖上的利用［J］，齐鲁渔业，2008,25（11）：36-37．

［32］蒋海滨，蔡娟，肖玉冰等．有效微生物（EM）在水产养殖中的应用及机理［J］．净水技术，2014,33（6）：28-32．

［33］张厚冰．蟹塘常见水草的栽培技术［J］．当代水产，2007,32（12）：18-19．

［34］黄国胜．河蟹的十二种捕捞方法介绍［OL］．2016．

［35］姚友锋，王秀青，候玉兰．螃蟹暂养技术［J］．科学养鱼，2011,11（267）：81．

化学工业出版社同类优秀图书推荐

ISBN	书名	定价/元
30845	小龙虾无公害安全生产技术	29.8
29631	淡水鱼无公害安全生产技术	39.8
29813	经济蛙类营养需求与饲料配制技术	29.8
28193	淡水虾类营养需求与饲料配制技术	28
29292	观赏鱼营养需求与饲料配制技术	38
26873	龟鳖营养需求与饲料配制技术	35
26429	河蟹营养需求与饲料配制技术	29.8
25846	冷水鱼营养需求与饲料配制技术	28
21171	小龙虾高效养殖与疾病防治技术	25
20094	龟鳖高效养殖与疾病防治技术	29.8
21490	淡水鱼高效养殖与疾病防治技术	29
20699	南美白对虾高效养殖与疾病防治技术	25
21172	鳜鱼高效养殖与疾病防治技术	25
20849	河蟹高效养殖与疾病防治技术	29.8
20398	泥鳅高效养殖与疾病防治技术	20
20149	黄鳝高效养殖与疾病防治技术	29.8
22152	黄鳝标准化生态养殖技术	29
22285	泥鳅标准化生态养殖技术	29
22144	小龙虾标准化生态养殖技术	29
22148	对虾标准化生态养殖技术	29
22186	河蟹标准化生态养殖技术	29
00216A	水产养殖致富宝典（套装共8册）	213.4

邮购地址：北京市东城区青年湖南街 13 号化学工业出版社（100011）

购书服务电话：010-64518888（销售中心）

如要出版新著，请与编辑联系：qiyanp@126.com

如需更多图书信息，请登录 www.cip.com.cn